中央高校基本科研业务费专项资金项目(项目编号：3142015024)资助
河北省物联网监控工程技术研究中心项目(项目编号：3142016020)资助

物联网工程
——6～35kV 配电网架空线路状态监测系统

顾　涛　著

北京大学出版社
PEKING UNIVERSITY PRESS

内 容 简 介

本书以典型物联网工程实际案例详细介绍了 10kV 配电网架空线路状态监测系统技术构成。主要内容包括物联网工程监测系统功能模块划分、前端传感器技术、数据转发设备、服务器数据采集程序、后台数据库结构设计、通信协议定义、物联网工程企业标准等内容。本书现场工程案列丰富,力求使读者明晰物联网工程基本概念、技术构成。相信读者通过本书内容学习,可以全面掌握实际物联网工程基本构成和所涉及的各个环节内容。本书论述通俗易懂,难点分散,易于学习。

本书适合物联网工程、电力系统及其自动化、电子工程、通信工程、测控技术及仪器专业学生和相关工程技术人员参考使用。

图书在版编目(CIP)数据

物联网工程 / 顾涛著. —北京:北京大学出版社,2021.1
ISBN 978-7-301-31539-2

Ⅰ. ①物… Ⅱ. ①顾… Ⅲ. ①物联网 Ⅳ. ①TP393.4②TP18

中国版本图书馆 CIP 数据核字(2020)第 151737 号

书　　　　名	物联网工程	
	WULIANWANG GONGCHENG	
著作责任者	顾　涛　著	
策 划 编 辑	程志强	
责 任 编 辑	程志强	
数 字 编 辑	蒙俞材	
标 准 书 号	ISBN 978-7-301-31539-2	
出 版 发 行	北京大学出版社	
地　　　　址	北京市海淀区成府路 205 号　100871	
网　　　　址	http://www.pup.cn　新浪微博:@北京大学出版社	
电 子 信 箱	pup_6@163.com	
电　　　　话	邮购部 010-62752015　发行部 010-62750672　编辑部 010-62750667	
印 刷 者	北京虎彩文化传播有限公司	
经 销 者	新华书店	
	650 毫米×980 毫米　16 开本　14.75 印张　252 千字	
	2021 年 1 月第 1 版　2022 年 12 月第 2 次印刷	
定　　　　价	49.00 元	

前　言

　　1991 年，美国麻省理工学院（MIT）的 Kevin Ashton 教授首次提出物联网的初步概念。1995 年，Bill Gates 在其《未来之路》一书中也提出物联网概念，限于当时的技术条件，该概念并没有得到广泛关注。1999 年，麻省理工学院建立了"自动识别中心（Auto-ID）"，提出"万物皆可通过网络互联"的概念，阐明了物联网的基本含义。2005 年 11 月，国际电信联盟发布了《ITU 互联网报告 2005：物联网》，正式提出物联网的概念。报告指出：无所不在的物联网通信时代即将来临，世界上所有的物体都可以通过互联网主动进行信息交换。2008 年，IBM 首席执行官彭明盛首次提出"智慧地球"的概念，其核心就是把地球上各类物体通过传感器互联通信，形成所谓"物联网"，然后将其与现有的互联网整合，以实现人类社会智慧整合。2009 年，欧盟发布《物联网——欧洲行动计划》报告，提出要采取措施确保欧洲在建构新型互联网的过程中起主导作用。物联网的蓬勃发展迅速引起我国政府的高度重视。2011 年11 月，我国发布《物联网"十二五"发展规划》，要求重点培育一批影响力大、带动性强的大企业，并增加物联网发展专项资金规模，加大对物联网的投入比重，鼓励民资、外资投入物联网领域。2013 年 10 月，我国政府进一步发布《关于组织开展 2014—2016 年国家物联网重大应用示范工程区域试点工作的通知》，要求积极推动物联网重点示范工程试点工作的开展。2015 年，世界华商联盟会举办世界物联网大会，总部设在北京，之后每年举办一次大会。世界物联网大会宗旨在于制定物联网技术标准与安全体系，大会内容全面涉及智能城市与行政管理体系、物联网与大数据、物联网金融、物联网与智能农业、智慧医疗与人类健康、物联网与节能环保、智能电力与新能源、车联网、物联网与智能终端、智能物流网络体系、物联网与智能制造等行业领域。

　　"物联网"从概念萌芽到现在已经成为全球经济发展引擎之一，各国政府无不把物联网、大数据及人工智能技术作为第四次工业革命核心要素看待。早在 2010 年，我国教育部审时度势，号召"211 工程"高校申办物联网工程专业，为我国经济发展培育物联网工程人才。在国家政策的支持下，目前许多高校通过教育部专业审核，开设了物联网工程专业。至今，高校前期培育的人才已经投入市场，为各行各业经济建设服务。全球物联网经济规模已从 2008 年的 780 亿美元快速发展到 2015 年的 3500 亿美元。我国 2015 年涉及的物联网经济规模已达 7500 亿元，到 2020 年年底有望突破万亿元。物联网经济发展将是下一个时代经济发展的核心驱动力，优秀的物联网人才将是各大企业争相招聘的目标。

从学术上讲，物联网工程是一门交叉学科，涉及电子、通信、计算机、控制等专业知识。物联网工程的出现，促使了多学科进一步融合。因此，物联网技术人才是典型的复合型人才，其培养难度较传统学科更大，比较成熟的物联网工程人员往往需要实践多年才能达到要求。我国部分高校虽然开设了物联网工程专业，但各校所开设的课程却有较大差别。物联网工程高年级学生需要到现场实习，才能逐步将几年所学的知识贯穿起来。目前，尚缺少一本专业书籍，供广大科研工作者参考学习物联网工程所涉及的全部概念与技术要求。笔者长期从事配电网状态监测与故障预警及故障定位研究工作，拥有 13 项发明专利技术，在产品底层硬件设计、通信协议设计以及数据库设计、后台数据展示、算法设计等方面积累了一定的经验。配电网状态监测系统是典型的物联网工程，笔者在从事科研工作之余，常常希望将自己多年心得总结成书，供从事物联网工程的入门者参考使用。由于时间关系，直至今日才能够将所想写于书上，与大家分享。

本书共分为 10 章。第 1 章讲述了 10kV 配电网监测基本原理和核心技术，使研究人员能够有一个整体概念，对物联网工程技术实际应用涉及的诸多技术有一定了解。第 2 章重点介绍了架空线路基本构成、架空线路状态监测系统工作原理和短路接地故障判断原理，同时研究了双超型数据采集终端的硬件原理，从软件到硬件、从算法分析到编程，知识点跨度大，充分体现出物联网工程技术特点。第 3 章介绍了数据采集终端的工作原理和工作模式，数据采集终端与数据汇集单元之间的通信协议及数据采集终端电源管理策略。第 4 章重点介绍了数据汇集单元的工作原理和 101/104 通信协议，通过学习，读者可以进一步掌握物联网工程中通信协议的制定过程与程序编写过程。第 5 章介绍了工业级前端监控程序设计方法，并给出了程序案例。前端监控程序是整个物联网工程中的喉舌所在，其并发处理能力直接决定了客户端上传数据能力和整个系统的性能，通过学习，读者可以掌握服务器监控程序的设计思路和方法。第 6

章介绍了如何在具有数量众多的监测点数据采集系统中建立数据库的方法,并给出独立建立库表的例子,希望读者可以通过案例的学习掌握该方法。第 7 章介绍了目前物联网工程中常见的移动监测数据处理 App 的开发与界面设计的一般方法,并以电力监测系统为案例进行介绍。第 8 章以 10kV 电力系统物理连线抽象成二叉树图和三叉树图,由二叉树图和三叉树图构成逻辑分析,采用遍历算法给出系统报警具体类型,读者在实际工程中可以借鉴二叉树和三叉树算法,将此章内容进行拓展使用。第 9 章介绍了数据采集终端通信程序设计,主要内容包括 CRC 校验原理与程序设计、SPI 接口原理、CC1101 芯片原理与通信演示程序设计,通过学习,读者可以掌握 CRC 原理与程序设计、SPI 原理以及通信程序编写内容。第 10 章介绍了短路故障测试实验台原理和接地故障测试实验台原理,并讨论了实际供电系统中短路故障对接地故障判断的影响,对于小电阻接地系统,通过实例给出雷击断线接地故障发生时系统捕捉到的线路电流的变化曲线图,以供研发人员参考。本书专业内容是笔者近年来产品研究成果的整理,CRC 校验和 CC1101 使用参考了官方及网上一些有益资料,由于无法考证来源,在此对原作者表示衷心感谢!

　　本书内容比较全面、自成体系,注重理论联系实际,适合具有极大的使用价值和参考价值。本书将读者对象定位于具有一定计算机基础和电路设计基础的本科生、研究生,对于立志从事物联网工程的专业人员更有参考价值。知识一通百通,祝各位读者开卷有益。由于水平所限,书中可能还会存在某些不妥之处,恳请相关领域的专家学者和读者批评指正。

　　本书出版受到中央高校基本科研业务费专项资金项目(项目编号:3142015024)和河北省物联网监控工程技术研究中心项目(项目编号:3142016020)资助。中压配电网电力安全监控创新团队成员王德志博士、陈超博士、赵立永博士等均为本书提出了宝贵意见,田立勤博士、程志强编辑、侯世伟编辑为本书的出版付出了艰辛劳动,笔者的妻子李旭博士默默无闻地进行大力支持,在此一并感谢!

顾　涛

2020 年 3 月

目　　录

第 **1** 章　绪论

　　基于大数据分析与云服务的双超型数据可视化 10kV 配电网架空线路状态监测系统是典型的物联网工程技术系统，该系统涵盖了一个真实物联网工程所需的各方面的技术细节，是物联网工程技术人员全面理解物联网工程整体概念和掌握具体技术不可多得的典型案例。本章将从整体上概述 10kV 配电网监测基本原理和核心技术，使读者能够有一个整体概念，对物联网工程技术在实际应用中涉及的诸多技术有一定的了解。

研究目标

　　了解我国 10kV 配电网架空线路目前现状与供电可靠性；
　　掌握 10kV 配电网架空线路故障监测手段；
　　掌握 10kV 配电网架空线路监测核心技术。

理论要求

知识要点	读者要求	相关知识
单相接地	(1) 了解单相接地的概念； (2) 了解单相接地的危害	故障监测方法
短路	了解短路的概念与特点	故障监测方法
10kV 配电网架空线路状态监测系统	(1) 掌握 10kV 配电网架空线路状态监测系统构成与功能； (2) 掌握监测核心技术	物联网工程案例

推荐阅读资料

360 百科：https://baike.so.com/doc/5409785-5647822.html(2020,4,13)

1.1　我国 10kV 配电网架空线路现状

当你在享受电力带给你的各种便利时，请一定谨记还有一群电力抢修班的工人们正不分昼夜地为社会做出平凡而不可磨灭的贡献。

1. 配电网架空线路长、故障率较高

10kV 配电网架空线路在我国分布范围广泛，运行状况复杂，故障发生率较高。据国家能源局报告显示，截至 2017 年，我国农村和城市的 10kV 架空线路长度之和约为 383 万千米，其中农村架空线路约为 339 万千米，城市架空线路约为 44 万千米。2017 年全年统计表明，全国城市用户年平均停电由 2016 年的 5.20 时/户下降到 5.02 时/户；全国农村用户年平均停电时间由 2016 年的 21.23 时/户下降到 20.35 时/户。停电时间缩短得益于国家农村电网改造工程。从停电时间长短对比分析可知，农村配电网架空线路停电是导致农村用户停电时间较长的主要因素，其中配电网设施故障又是引起故障停电的主要因素之一。

2. 故障查找占时比高、抢修工人压力大

实际运行的配电网架空线路长、分支多，受外界和自然环境等因素影响，线路极易发生故障。当线路发生故障时，如何快速准确地定位故障位置是抢修的难点。当供电线路较长、故障较隐蔽时，如果抢修人员没有更好的技术手段能够快速发现故障位置，则需要花费大量的时间去查找故障点，从而导致抢修任务重、工作压力大、停电时间延长。

3. 单相接地故障危害大

对于 10kV 配电网架空线路，短路故障可以被开关快速隔离，而接地故障的切除一般是依据中性点接地方式不同而采取不同的方法。对于小电阻接地系统，接地发生时要立即切除故障点；对于小电流接地系统，我国《电网运行规则（试行）》规定可以在单相接地故障发生后带病运行两小时。于是当小电流

接地系统发生线路接地故障后，由于不能被及时发现，经常会给人民群众的生命安全带来极大威胁。据公开报道，2016 年 5 月 21 日，四川省达州市某乡镇由于单相接地故障发生，导致任某等 3 人不幸遇难。2016 年 6 月 22 日，安徽省阜南县某村 3 名男子骑摩托车经过断落的高压线，导致其中两名男子当场死亡。此类事件经常见报。可见，10kV 单相接地故障危害"猛于虎"。从安全角度出发，建议读者尽量避免在 10kV 配电网架空线路下行走。

4. 国家电网资金投入大，客户服务质量要求高

国家电网对客户服务质量的要求非常高。当线路发生故障时，如果不能快速处理故障，一旦受到停电影响的用电单位投诉，供电公司一般会对内部抢修人员作出处罚。为提高农村电网供电可靠性，从 2015 年开始，国家电网陆续投入巨资，对农村电网进行升级改造。2015 年投资达 1600 亿元，2016 年达 5222 亿元，源源不断的资金投入，将改变配电网状态。

尽管国家电网对部分 10kV 配电网架空线路进行了升级改造，极大地降低了线路故障频率，但实际上并没有杜绝故障的发生。另外，由于使用绝缘架空线路，一旦发生单相接地故障，故障排查会较裸线接地故障排查更为困难。

1.2　10kV 配电网架空线路故障定位手段与技术状态

1.2.1　10kV 配电网架空线路故障定位手段

目前，主要有以下 5 种方法实现配电网架空线路故障定位。

1. 馈线自动化

馈线自动化是在线路负荷开关处装设配电开关监控终端(FTU)实现故障分段定位。此法造价太高，不宜大范围推广。

2. 沿线悬挂故障指示器

沿线悬挂故障指示器，根据故障点前后指示器检测到的信息不同实现故障分段定位。由于故障指示器不具备故障信息自动上传功能和故障自动定位功能，当线路出现故障时，仍需要人工巡线查找。实际上，单纯的故障指示器在使用中效果不大。

3. 利用"S 注入法"实现单相接地故障定位

"S 注入法"只适用于小电流接地系统，不适用于小电阻接地系统。其不足之处是故障点过渡电阻较大时，检测结果受线路分布电容影响较大。对于通过开关隔离、分支众多的线路，此法效果也不理想。

4. 故障行波测距

故障行波测距利用线路发生故障时产生的暂态行波实现配电网架空线路、电缆混合线路单相接地及相间短路故障测距。此法还不够成熟，目前理论研究较多。

5. 故障定位系统

故障定位系统主要是在线路上悬挂数据采集终端构成分布式监测系统，利用数据汇集单元，自动上报线路故障信息，经过后台系统分析后，为现场维护人员推送故障定位信息。此法目前已成为故障定位的主流方法，国家电网已出台相关文件，将此系统作为配电网智能化标准部件之一。

1.2.2 10kV 配电网架空线路单相接地故障监测技术状态

1. 变电所中安装故障选线设备

该设备采用了小波分析、群体比幅比相等多种方法。如果线路没有被补偿，使用这种设备监测出的结果比较准；但现在线路都经过了电容补偿，导致线路单相接地发生时选线效果较差。这种在变电所母线上安装监测设备的方法属于安装集总监测系统。

2. 负荷开关结合 FTU 监测

该方法监测效果相对较好，但造价昂贵，很难在各个分支处都安装开关和FTU。特别难以在小电流接地系统中推广使用。

3. 分布式故障定位系统

这是目前主流技术。但该技术还存在明显不足：监测设备测量数据的精度和准确度都不够高，这里主要是指电流测量的精度不高和电场测量的线性度不高。国家电网使用标准中提出了电流测量精度要求，没有提及电场测量精度要求。最新使用标准中提出的电流测量精度要求为 0～100A 时，测量误差为±3A。

但实际运行线路中，运行电流大多为 2～40A，分支多在 10A 以下。显然，在小电流情况下，电流测量数据精度不高，数据分析准确性不够，导致很多误判和拒判。另外，配电网状态监测数据不准(电流/电场)，很难判断绝缘电力线断线、绝缘子击穿、避雷器击穿所带来的单相接地故障，而这些故障又是现场中比较难排查的故障。目前还没有较好的手段能够快速发现这些故障。农村的架空线路故障发生频率较高，一线巡线人员急需可靠、准确和易用的技术手段来提高故障抢修效率从而减少停电时间。

4. 可视化监测数据展示方法

国家电网于 2018 年提出数据可视化，但尚无具体标准方案实施。目前 AR(增强现实)、VR(虚拟现实)技术蓬勃发展，但在配电网巡线领域内尚无应用。采用 MR(混合现实)技术，实现配电网数据可视化和远程故障诊断，同时提供安全规范操作指示，是未来数据可视化技术的发展方向之一。为一线巡线人员安装智能巡线 App，构建故障处理移动指挥中心，增加用户使用黏度，提升数据可视化使用体验，也是未来技术的发展方向之一。

1.3 故障定位通信手段

目前故障定位通信手段主要有以下几种。

1. 手机通信网络报警

(1) 利用 GPRS/3G/4G 网络技术实现远程报警，这是目前主流技术。利用公网 IP 地址可以构成各种灵活的报警方案，如信息推送、App 在线显示等。尽管电力系统内部人员对此方案的安全性有一定争议，但从技术上是可以完全保证数据安全性的。另外，此方案只监测，并不控制配电网设备，对电网运行并不会带来不利影响。对比金融系统在公网上的运行，配电网电力系统的数据通过加密等技术处理也是有安全保障的。

(2) 利用 GSM 手机短信实现报警。由于短信延时性大或丢包，目前这种方式逐渐被淘汰。

2. 电网自建网络报警

(1) 利用配电网自身光纤网络报警。这种方式安全性最高。但数据汇总到内部服务器上以后，如果不利用公网技术，将监测数据结果远程分发到现场巡线人员手上，则会失去一部分数据监测功能的发挥。

(2) 利用 LoRa（Long Range，远距离传输）技术实现自组网报警。这种方式应用还不成熟，可能会是未来发展的一个方向。但汇总数据后如何自动分发报警数据到一线人员手上会面临一定的问题。

(3) 利用 485 现场总线技术实现有线报警。这种方式逐渐被淘汰。

综合以上各种通信方案的特点和使用场所，目前利用 GPRS/3G/4G(或未来5G)技术实现远程报警依然是最优方案。将此技术与智能手机结合在一起，形成移动报警处理中心，极大地方便了巡线人员的使用。现有配电物联网故障定位系统为供电企业提升故障抢修效率、减少配电网触电事故、减轻抢修班工作压力提供了极为有效的故障报警处理手段。

1.4　10kV 配电网架空线路状态监测系统构成与工作原理

1.4.1　故障检测原理简介

10kV 配电网架空线路故障类型主要有单相接地故障、两相短路故障。对于小电流接地系统，针对单相接地故障而言，最适合采用暂态分析方法，尤以小波分析法为主。暂态分析方法中单相对地电场的变化是重要的接地特征之一。现有国家使用标准要求在线监测系统要能正确识别 800Ω 高阻、400Ω 中阻、金属性单相接地的情况。

在两相短路故障发生时，电流突然变大，一般变化量大于 150A。在短路发生后，最短延时为 20~40ms，速断开关即可跳闸，最长延时可达 1000ms 左右。现实短路案例中，也有变压器故障导致单相电流缓慢上升达到定值限值的情况。所以，需要用突变法和定值法两种判断方法应对短路故障。

具体故障检测原理将在后续章节详细分析。

1.4.2　架空线路状态监测系统构成

10kV 架空线路状态监测系统主要由数据采集终端、数据汇集单元、数据前端采集与监控程序、计算机后台展示系统、数据库系统、手机 App(安卓、苹果)构成。

1. 数据采集终端

以前称为故障指示器，主要功能是测量线路对地电场、线路电流及采集环境温度、线路高度、现场实时照片信息，具备接地短路自适应门限调整能力。数据采集终端将采集到的数据通过 433MHz 无线通信方式上传到数据汇集单元。

2. 数据汇集单元

接收数据采集终端数据，通过 GPRS/3G/4G 网络转发到云服务器。数据汇集单元主要汇集 3 路 9 只数据采集终端数据。最新技术要求支持 6 路 18 只数据采集终端。

3. 数据前端采集与监控程序

采用异步通信(I/O 完成端口或 EPoll)方式，接收数据汇集单元数据。此程序是系统的"咽喉"，需要具备 1000～30000 个数据汇集单元同时通信的能力。在其他设备硬件性能得以保证的基础上，整个系统的通信可靠性依赖于数据前端监控程序。此程序还需解析 101/104 协议，将数据分类存放到数据库系统中。

4. 计算机后台展示系统

计算机端展示现场设备监测信息、线路监测信息、各类报警信息和各类报表统计信息。现场人员通过公网可以即时查看自己负责的巡线区域监测数据。

5. 数据库系统

采用微软 SQL Server 或甲骨文 Oracle 数据库系统，分类存储数据前端采集与监控程序解析到的数据。数据库结构设计要合理，满足海量检索快速性要求，并能自动备份。数据库结构设计要保证数据安全性和可扩展性。

6. 手机 App

具有安卓和苹果两个版本，构成一线人员移动处理指挥中心。通过手机 App，现场人员可以快速观察设备运行状态和线路运行状态，在线路发生故障时，可以快速通过反演技术发现第一故障点位置。

1.5　系统核心技术

目前，领先的架空线路状态监测系统采用以下最新技术。

1. 云服务

云服务提供对监测数据的分布式、并行式计算，向特许用户开放配电网各类监测数据的电力云计算结果，采集数据采用高位加密技术与电力云同步，确保系统安全。

2. 大数据分析

对监测的海量数据进行神经网络分析、小波分析、贝叶斯分析、费希尔分类。多种算法融合，提高系统自学习能力，保证系统预测与判决的准确性。

3. 故障反演

根据报警时间轴和 SOE（Sequence of Event，事件顺序记录），现场人员只需点击即可进行故障推演，复原现场第一报警点和报警路径，对比理论分析结果，进一步确认复杂环境下的故障位置。

4. 智能定位

北京鼎科远图科技有限公司独家发明了二叉树和三叉树逻辑图报警、即时在线更新、地图式报警位置显示、智能筛选、精确定位等专利技术。

5. 智慧指挥

电力云数据中心提供各类最优结果，构成移动指挥中心。通过智能分析，给出最优维护路线。

6. 数据可视化

MR 技术在配网领域的使用，是近年来研究的热点。

7. 双超型数据采集终端

双超型（超高精度、超高准确性）数据采集终端是领先的监测系统必备的传感设备。

1.6　架空线路状态监测系统特点

领先的架空线路状态监测系统应具备以下 7 个主要特点。

1. 故障定位准确率高

监测系统在一流硬件装置的基础上采用大数据分析技术，该系统对故障定位的准确率高，综合准确率在 98% 以上。

2. 通信技术稳定

数据采集终端与汇集单元之间采用无线射频进行通信；数据汇集单元与系统主站之间采用 GSM/GPRS/3G/4G 进行通信；系统设计采用宇航级可靠性专利技术，增强了系统的鲁棒性、灵活性和适用性。

3. 数据采集精度超高

数据采集终端采用高导磁材料构成磁通回路，漏磁少，配合各种高精度校正算法，可准确采集线路上的故障信息、负荷信息及电缆温度，保证了数据来源的真实性、精确性。

4. 供电技术超强

数据采集终端采用线上取电和太阳能取电，数据汇集单元采用太阳能取电。考虑了通信功耗、充电效率、电池容量等因素而设计出的太阳能通信主机可保证在无光照条件下正常工作 9～30 天，扩大了地域适用范围。

5. 抗涌流技术先进

在线路送电时，数据采集终端设有闭锁机制，会根据电压和电流变化情况实现闭锁，防止因为涌流导致误报。并且在线路供电稳定后，自动解除闭锁，恢复正常检测状态。

6. 系统兼容性好

系统软件具有适配各种通信规约的协议栈模块和接口，可支持 IEC 60870-5-101/104 规约、DNP 3.0 规约、CDT 规约等，可实现与其他监控系统的软件兼容和接口互连等。

7. 工业设计优异

领先的架空线路状态监测系统为数据采集终端设计了专用带电安装工具。汇集单元采用高品质铝铸外壳,可以抵抗沿海地区高盐潮湿环境的腐蚀。同时,主机内的电路均采用防水壳密封,其整体可以达到 IP67 防护等级。安装支架采用 M 贴设计、抗干扰设计和装配优化设计等技术措施,确保产品易安装、免维护。

1.7 单相接地故障解决所面临的困难

除一般的裸导线金属性接地故障较容易处理外,以下这些因素为单相接地故障排查带来了新的挑战,势必要寻找新的方法应对。

1. 裸导线改为绝缘线

目前农村电网改造中,原来的裸导线逐渐被替换成绝缘导线,显著提高了供电可靠性。一般的树障导致的接地故障基本上被消除了。但绝缘导线被外力破坏后导致的断线式单相接地故障,若采用裸导线相对应的故障排除方法报警,则会产生漏报。这种接地带来的电场变化和接地电流变化,需要测量精度和测量线性度更高的设备去发现。

2. 绝缘子爬电带来的渐进式绝缘击穿

巡线工人很难从架空线下面发现绝缘子爬电带来的渐进式绝缘击穿,故障排查难度大,用摇表测试费时费力。经过长期观察与分析监测数据可以得出结论,这类故障是可以提前预测的。当监测数据满足一定规律时,基本表示绝缘子已经发生渐进式击穿,必须报警。

3. 避雷器击穿

为了保护线路避免雷击断线,线路上一般装有避雷器。当避雷器被击穿引起接地时,此类故障比较隐蔽,较难发现,对人畜安全带来较大隐患。

4. 其他设备带来的问题

设备老化带来的渐进式击穿或变压器设备老化,架空线路、电缆混合线路中电缆接头逐渐渗水带来的接地击穿、电缆薄弱环节带来的接地和击穿。

除外力破坏断线导致的单相接地不能事先预测外,以上所列各类故障由于具备渐进式故障演化成因,研究表明可以采用高精度设备和新的特征向量进行接地预测。目前悬挂式监测设备的缺陷在于测量精度和线性度不够高、接地特征向量抽取不够好从而导致接地报警面临很大困难。现场迫切需要一种可靠性高、性价比高、准确率高和用户黏度大的接地预警、报警及故障定位系统。

小　　结

本章介绍了 10kV 配电网架空线路国内现状和线路可能发生的故障类型,由此引出排查故障的方法和在线监测系统要研究的内容,并给出架空线路状态监测系统的构成。结合在线监测系统核心技术,提出了新型监测系统所要具备的性能特点。

思　　考

1. 10kV 配电网架空线路状态监测系统由哪几部分构成?每部分的主要功能是什么?

2. 如何从物联网工程技术角度研究 10kV 配电网架空线路状态监测系统?

3. 请查阅资料,并结合本章内容,深入研究 10kV 配电网架空线路状态监测系统每个模块需要用到的相关技术。

第 2 章　架空线路状态监测系统工作原理

本章重点介绍了架空线路基本构成、架空线路状态监测系统工作原理和短路接地故障判断原理。详细研究了单相接地故障判断基本理论和小波分析算法，同时也对架空线路状态转移方法和故障反演算法进行了介绍。本章同时研究了双超型数据采集终端的硬件原理，从软件到硬件、从算法分析到编程，知识点跨度大，充分体现出物联网工程技术特点。

研究目标

掌握 10kV 架空线路状态监测系统构成与基本工作原理；
掌握 10kV 短路故障概念和单相接地故障概念及其判断方法；
掌握双超型数据采集终端基本工作原理；
掌握故障反演算法原理。

理论要求

知识要点	读者要求	相关知识
单相接地	(1) 小波分析单相接地判断方法 (2) 零序矢量合成单相接地判断方法 (3) 电场突变下降与电容电流突变法单相接地判断方法	单相接地故障判断方法
短路	(1) 永久短路与瞬时短路区别与判断 (2) 电网用户行为判断 (3) 能量突变法判断 (4) 定值法判断	短路故障判断方法
故障反演	(1) 故障反演算法分析 (2) 掌握监测核心技术	故障反演案例

推荐阅读资料

1. 顾涛，王德志，陈超等. 基于全局小波系数平衡法判断单相接地故障的方法和装置：中国，201611254981.8[P]. 2016-12-30.

2. 顾涛，王德志，陈超等. 接地和/或短路故障报警反演方法及装置：中国，201611254984.1[P].2016-12-30.

3. 顾涛，王德志，陈超等. 电力架空线路报警方法：中国，201610898408.4[P]. 2016-10-14.

4. 顾涛，王德志，陈超等. 数据采集终端、电流测量校正系统及方法：中国，201510430863.7[P]. 2015-7-21.

2.1　架空线路状态监测系统组成

2.1.1　配电网架空线路

10kV 架空线路主要由电线杆、横担、绝缘瓷壶、电力传输线、柱上开关等关键部件构成。这些部件由于生产质量、施工质量、绝缘老化、天气状况、外力破坏等因素，会导致线路发生短路和接地故障。图 2-1 是架空线路图，图 2-2 是空气电离相间弧光短路故障图。

图 2-1　架空线路图

图 2-2　空气电离相间弧光短路故障图

短路故障发生时，系统可以自动跳闸隔离故障区间，不会对人身安全带来危害。单相接地故障发生后，由于线路设计需满足供电可靠性指标要求，这种情况依据中性点接地方式不同，对接地的处理方式也不同，一般不会立即跳闸隔离，这样就会带来潜在的人身安全问题。在架空线路供电运行中，一旦发生单相接地故障，人们需要第一时间知道事故发生地点，排除故障，避免人身危害。

2.1.2 架空线路状态监测系统

1. 硬件部分

架空线路状态监测系统硬件部分(如图 2-3 所示)装在电线杆和电力线上。硬件部分一般由 3 只数据采集终端和 1 台数据汇集单元构成。数据采集终端通过射频 433MHz 与数据汇集单元通信，上报采集到的线路电流值、对地电场值信息和线路环境温度。在故障发生时，立即上报短路或接地故障。短路时，还要上报短路电流值。接地时，上报接地对地电场和电容放电电流值。数据采集终端还具有故障录波功能，根据不同需求，采集终端工作原理有一定区别。

数据汇集单元通过 GPRS/3G/4G 通道与云后台前端监控软件进行数据交互，通信协议采用 101 规约或 104 规约。

图 2-3 架空线路状态监测系统硬件部分

2. 软件部分

将云后台和手机 App 统一归到软件部分。后台功能主要是接收数据汇集单元发来的数据，并能够对前端设备参数进行远程设置。在现场数据采集终端报警时，经过后台对报警信息分析后，将报警结果转发到现场人员手机 App 上。现场人员通过网页或手机 App 随时可以监测到架空线路运行状态和监测设备运行状态。

故障信息的推送有两种方案，一种是用 App 即时推送，另一种是用短信平台推送报警短信。即使没有收到故障信息，现场人员依然可以通过 App 查看线路故障状态。

2.1.3 系统组成

架空线路状态监测系统由硬件部分和软件部分构成。图 2-4 是目前架空线路状态监测系统一般性组成原理图，具体到实际系统可能会有细微差别。例如，有的公司发短信，采用自己的硬件设备而不用短信平台实现。对于手机 App，有的公司可能没有开发。支持浏览器远程网页查看，是监测系统一般都具备的功能。

这里重点提一下云服务器上的数据前端采集与监控程序，后面还会介绍。这个程序的并发处理功能是整个系统的关键所在。如果并发处理能力不够，在一定数量的数据汇集单元上线后，会互相抢占资源，导致大量数据汇集单元下线甚至系统崩溃。所以，这个程序开发完后，必须要测试其并发处理能力。在物联网工程中，这个程序处在核心地位。本系统需要具备并发处理 30000 个设备同时在线数据交换的能力。

图 2-4 状态监测系统组成

从物联网构成角度,可以将图 2-4 分为 3 层,即感知层、网络层、应用层。感知层包括数据采集终端和数据汇集单元,广义上包括各类传感器;网络层包括有线和无线通信物理媒介和协议;应用层包括各类软件展示。

2.2　短路判断方法

2.2.1　10kV 配电网架空线路对地电场与线路电流的可控性和可观测性

将 10kV 配电网架空线路被监测点对地电场与线路电流用状态方程和输出方程描述成现代控制理论系统,则输入和输出构成监测系统的外部变量,而监测状态则为系统的内部变量。这就转化为系统内的所有状态是否可受输入影响和是否可由输出反映的问题,这就是 10kV 架空线路对地电场与线路电流可控性和可观测性问题。

如果将某一条 10kV 线路所有监测点对地电场表示为 $E(t)$ 列向量,监测点线路电流表示为 $I(t)$ 列向量,则这条 10kV 线路所有监测点网络的对地电场和线路电流可以用如下两组公式表示:

$$\frac{\mathrm{d}E(t)}{\mathrm{d}t} = AE(t) + BI(t)$$

$$E(t) = CE(t) \tag{2.2-1}$$

其中,A 是监测系统矩阵;B 是输入矩阵;C 是输出矩阵,也是单位矩阵。这个方程组告诉我们,系统的状态量 $E(t)$ 是可控的也是可以观测的。因为监测点对地电场理论上在 10kV 系统中是稳定的,对于输入电流 $I(t)$ 来说,是不能任意转移电场的值的。进一步,还有方程组:

$$\frac{\mathrm{d}I(t)}{\mathrm{d}t} = A_1 I(t) + B_1 I(t)$$

$$I(t) = C_1 I(t) \tag{2.2-2}$$

其中,A_1 是监测系统矩阵;B_1 是输入矩阵;C_1 是输出矩阵,也是单位矩阵。这个方程组也告诉我们对于监测点电流向量,既是可控的也是可以观测的。

所以,对于监测点而言,两个重要参数对地电场和线路电流的状态都是可以观测的。这是我们解决问题的理论依据和数学模型。

2.2.2　供电线路状态分析

供电线路有几种状态可以互相转化，设 S1 代表停电状态，S2 代表供电状态，S3 代表短路状态，S4 代表接地状态。图 2-5 所示为电网状态转换，表示出几种状态的可能转移过程。

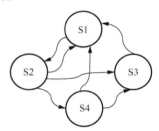

图 2-5　电网状态转换

对于每个监测点，我们都可以用两个状态元组 $S_a(E(t),I(t))$ 和 $S_b(E'(t),I'(t))$ 表示。这样，我们就可以列出两个状态机矩阵，一个是所有监测点实时测量值状态机矩阵 S_a，一个是所有监测点实时测量值导数状态机矩阵 S_b。于是，就可以构造出架空线路当前状态机矩阵 $S(t)$。故障发生时，状态机矩阵由 $S(t_1)$ 转移到状态机矩阵 $S(t_2)$。

在短路时的前沿，有 $\dfrac{\mathrm{d}I(t)}{\mathrm{d}t} > \lambda_1(t) > 0$ 且 $E(t) = e$。在接地的前沿，有 $\dfrac{\mathrm{d}E(t)}{\mathrm{d}t} < \lambda_2(t) < 0$ 且 $I(t) = i$。$\lambda_1(t)$、$\lambda_2(t)$ 是特征向量。所以，状态机矩阵 S_a 和 S_b 完全可以描述电力线路的运行状态。在任何时刻的电网状态转移，均可以由这两个矩阵刻画出来。电力故障监测系统平均报警响应时间可以控制在 0.5～5s，假设系统硬件和软件模块设计的性能是一致的，则整个系统报警响应时间可以假设为一个常数 ε。

2.2.3　短路判断

两个元组 $S_a(E(t),I(t))$、$S_b(E'(t),I'(t))$ 在短路状态时，突出体现在电流的导数突变上。一般认定有 $\mathrm{d}I(t)/\mathrm{d}t \geqslant 150\,\mathrm{A}$ 且延长一定时间，线路停电，此时就是发生了短路故障。这种方法就是一种突变量方法判断短路故障的原理。这种方法有一定的缺陷，对于线路由于变压器故障等原因导致线路电流缓慢上升的现象无法判断。因此，还需要结合定值法判断非速断的特殊短路故障。一般情况下，定值电流设为 400A，即架空线电流大于等于 400A 时，就认为短路发生。但在实际中，电流值突变还有时间上的限制。短路最短识别时间一般限制在 20～40ms，最长一般取 2000ms(也有用 1000ms)。注意：在做国家型式试验时，所模拟的人工投切大负荷实验，与现场实际运行条件是不一致的，建议修改实验条件。在短路发生时，三相对地电场大幅度下降，最后理论上是为零的。所以，判断短路的条件若结合电场跌落条件将会更为准确。

一般情况下，对于如下两种波形情况是必须要报警的：一种是永久短路故障；另一种是瞬时短路故障。

1. 永久短路故障

在线路有一定负荷电流 I 情况下，电流突然增加 ΔI，然后线路跳闸，线路电流变为 0，对地电场变成 0，表示是短路故障。

假设 $I \geqslant 10A$，$\Delta I = 150A$(电场条件限制)。$T_1 \geqslant 1s$，线路要建立电流，然后过电流延时时间 $20ms \leqslant T_2 \leqslant 2000ms$，$T_3 \geqslant 200ms$，$i=0$。在小电阻接地系统中，雷击导致断线接地故障，单相电流瞬时突变可达 100A 以上，这种情况也要报警。因此，ΔI 可以设计为自适应取值情况。

2. 瞬时短路故障

数据采集终端应能识别重合闸间隔为 0.2s 的瞬时性故障，并正确动作。$T_1>1s$，线路要建立电流，过电流延时时间 $20ms \leqslant T_2 \leqslant 2000ms$，$T_3 \geqslant 200ms$，$i \neq 0$。凡是不满足以上波形的波形测试，除去接地情况外均不报警。

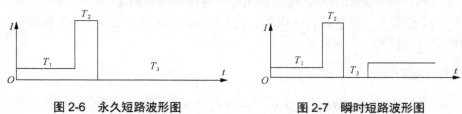

图 2-6 永久短路波形图   图 2-7 瞬时短路波形图

除了以上两种故障外，下面再介绍一些其他情况。

3. 变压器故障导致短路速断故障

在实践中发现，有的变压器油温升高，导致变压器温度升高，单相电流值逐渐升高到定值限值，此时会发生速断。但从电流突变来看，不满足短路条件。如果按突变法，此时指示器是不报警的。如果按定值法，则可以报警。单看单相电流值大小，对比正常电流值，其值是反常的。这种情况应该报警，但若理解为大负荷投入，则三相严重不平衡。所以，定值法在电流缓慢上升的情况下，是可以发现线路故障的。定值法中的电流定值参数可以通过系统设置。

4. 短路防误报

短路点前后，线路电流变化前沿是不同的。短路点前，电流变化率是正的；短路点后，电流变化率是负的。在实际检测电路中，采用自适应方式来设计短路电流中断判断进入。短路门限值ΔI值参数可以通过系统调整。另外，短路瞬时值需要上报到服务器端。系统设计要防止短路点后的误报，还要防止对线路突合负载涌流、非故障相重合闸涌流、负荷瞬时突变、人工投切大负荷、空载合闸励磁涌流几种情况误报。具体内容可以参考电力行业相关标准。

5. 自适应短路测量中断电路图

自适应短路测量中断电路采用电压比较器实现：比较两个输入电压的大小，当"+"输入端电压高于"−"输入端时，电压比较器输出为高电平；当"+"输入端电压低于"−"输入端时，电压比较器输出为低电平。

图 2-8 所示为自适应短路门限中断电路，在图 2-8 中，I_n、I_{n-1} 分别是当前线路电流值和前一个采样电流值。这样，就能够自适应跟踪线路电流变化而产生只有前沿正跳变的中断。对于短路点后面，则不会产生负跳变中断导致误报。

图 2-8 自适应短路门限中断电路

2.2.4 能量突变法短路判断

短路故障检测原理还可以这样理解。众所周知，保险丝可以保护电路免受短路、过流的损害。其基本原理在于电路短路或过流时，电路瞬时产生热能量突变，熔断了保险丝，从而切断电源回路。基于此能量突变原理，也可以检测出架空线路短路故障。

电力线上的能量传送包含有功和无功两部分：有功部分被电阻型设备消耗掉；而无功部分则用于能量交换，即完成由电能转换为磁能，再由磁能转换为电能，周而复始，来回传递于电力线上，并没有被消耗掉。为了将问题简化并使测量设备具有可操作性，在计算时主要考虑有功部分能量的计算。

设电流 $i(t)$ 为流过架空线路的有效电流，R 为架空线路的等效电阻，则架空线路消耗的瞬时有功功率为

$$P(t) = Ri^2(t) \tag{2.2-3}$$

为计算方便，假设线路的等效电阻 R 为 1Ω(此处不考虑电抗及电抗产生的无功功率)。

我们定义：把 $R=1\Omega$ 时的计算功率称为瞬时标称功率。由于 $i(t)$ 是变化的，因而每次测量出的标称功率也是变化的。此时，式(2.2-3)即转换为

$$P(t) = i^2(t) \tag{2.2-4}$$

注意：实际上，线路的 R 并不是 1Ω，但我们只是通过这种计算找出一种比较的基准，因此这个标称功率也称为名义功率或虚拟功率。

在一个周期内，当 $R=1\Omega$ 时，所消耗的能量

$$E_n(t) = \int_0^{T_0} P(t)\mathrm{d}t = \int_0^{T_0} i^2(t)\mathrm{d}t \tag{2.2-5}$$

我们称此时计算的能量为标称能量或名义能量(虚拟能量)。由于 $P(t)$ 是变化的，因而不同周期计算出的能量也是变化的。

当线路发生短路时，标称能量或名义能量(虚拟能量)会迅速增大，产生突变。当突变量增到某种限值时，会引起电路跳闸，导致线路电压为 0 和后续所测量标称能量为 0。这就是基于能量突变法检测线路短路的基本原理。这种利用能量突变理论判别短路的方法又称软保险丝理论或虚拟保险丝理论。

对于式(2.2-5)，可以进一步改写为

$$\bar{P} = \frac{1}{T_0}\int_0^{T_0} P(t)\mathrm{d}t = \frac{1}{T_0}\int_0^{T_0} i^2(t)\mathrm{d}t \tag{2.2-6}$$

式(2.2-6)求出了在一个周期内的平均功率，如果从功率突变角度考察短路判别依据，则在计算时需要在计算的标称能量基础上除以时间 T_0。

假设在 t 时刻，标称能量为 $E_n(t)$，在 $t+\Delta t$ 时刻，标称能量为 $E_n(t+\Delta t)$。假设能量突变定义在一个确定积分周期 $(0, T_0)$ 内，功率积分的差值为

$$\Delta E_n = E_n(t + \Delta t) - E_n(t) = \int_0^{T_0} i^2(t + \Delta t)\mathrm{d}t - \int_0^{T_0} i^2(t)\mathrm{d}t$$

$$= \int_0^{T_0} (i(t) + \Delta i)^2 \mathrm{d}t - \int_0^{T_0} i^2(t)\mathrm{d}t$$

$$= \int_0^{T_0} (\Delta i^2 + 2i(t)\Delta i)\mathrm{d}t \tag{2.2-7}$$

式(2.2-7)是计算能量在$(0，T_0)$内突变的公式，只要知道当前的电流值和电流变化值，ΔE_n 就可以计算出来。

据此，从能量变化角度出发，架空线路数据采集终端对线路短路故障的判据可以描述如下：

(1) 线路标称能量(虚拟能量)产生了突变，$\Delta E_n > E_0$，其中 E_0 是事先设定的阈值；

(2) 能量突变值维持一定时间间隔 T；

(3) 当 $t > T$ 后，线路电压降为 0，标称能量计算为 0。

若满足以上 3 条，可以判断线路产生短路故障。

如果采用瞬时功率突变方法改写短路判据，只需在计算上不再积分。

2.2.5　测量原理

根据式(2.2-7)，在设计数据采集终端判别短路故障时，需要能够比较精确地测量出电流值及其在一个周期内的变化值。图 2-9 所示为电流测量基本原理图，其电路能够比较精确地测量出线路电流值，且结构简单，易于实施。

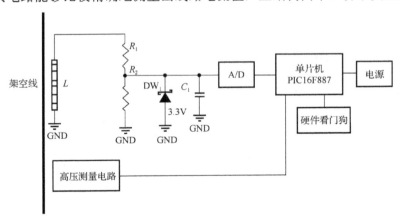

图 2-9　电流测量基本原理

其测量原理是：架空线交变电流对电感 L 产生交变电压，为了感应出这个电压变化同时避免电感 L 磁场饱和，线圈匝数要有限制。采用一般铁芯作为感应磁芯即可。电阻 R_1 和 R_2 构成分压电路，R_2 上电压作为模拟量/数字量转换器的输入。为了避免在架空线大电流作用下 A/D 转换器饱和输入，R_1 和 R_2 的比值要确保合适。稳压管 DW_1 和电容 C_1 起到过压保护和滤除干扰作用，以避免 A/D 转换受到影响。电流值测量算法采用半波积分法，具体内容将在后面介绍。只要再利用单片机内部定时器，还可以求出两个时刻电流的差值，即突变量。根据式(2.2-7)，在规定的周期内，就可以求出线路标称能量的变化 ΔE_n，结合高压测量电路监测架空线路对地电场值的结果，通过所测的标称能量及延时长短，就可以准确判断线路是否发生短路故障。

2.2.6 多基点自适应高精度半波积分电流测量校正方法

近年来，国内采用数据采集终端对架空线路进行接地和短路故障监测得到广泛应用。具有通信功能的数据采集终端一般具有线路电流测量功能。由于受到架空线路不停电安装数据采集终端的使用条件限制，前期投入运行的数据采集终端中的电流测量铁芯只能采用开环磁路，用于加强线圈电感量的硅钢体不能做成闭合形式。采用非闭合铁芯磁路非接触式测量线路电流会带来以下一系列问题。

1. 测量精度低

测量精度低，测量误差大，经过校正后一般误差在 ±5% 左右。当线路电流在 20A 以下或 400A 以上时，误差会更大。

2. 测量位置影响大

测量精度受到线路粗细和测量相对位置的影响较大，产品通用性较差。当线路加粗时，测量误差明显加大，测量结果基本上无法满足现场使用要求。产品很难做成高精度等级的测量产品。

3. 非线性失真大

铁芯在大电流工作情况下非线性影响进一步加大测量误差。

2.2.7　开环磁路电流测量原理

针对现有数据采集终端电流测量缺陷，下面提出一种改进的测量线圈磁路，并同时提出一套高精度电流测量校正方法，使得电流测量误差可以控制在 ±3% ～ ±2% 之间，整个装置电流测量误差基本不受线路粗细和线路安装相对位置的影响。

图 2-10 是数据采集终端中未改进电流互感测量线圈示意图，采用硅钢片作为铁芯，长度 5cm。外部缠绕 3500 匝直径 0.28mm 铜漆包线。A、B 点接测量电路，C 是被测量线路，与测量线圈垂直放置。当数据采集终端电流测量系统校正后，在线径不变的情况下，测量精度可以满足现场要求。当线径变大或测量 10kV 绝缘导线时，如图 2-11 所示，数据采集终端在不重新校正的情况下，测量误差比较大，将会超出现场规定要求。

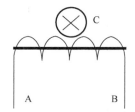
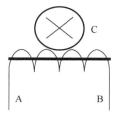

图 2-10　未改进电流互感测量线圈　　图 2-11　未改进电流互感测量线圈（线径变大）

现改进数据采集终端电流互感测量线圈，改进后如图 2-12 所示。将图 2-10 铁芯改进为半径为 3cm 的圆弧，如图 2-12 中 D 所示。A、B 接测量电路，当数据采集终端电流测量系统校正后，在改变线径情况下，如图 2-13 所示，测量精度依然可以满足现场要求。

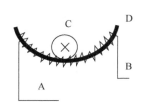
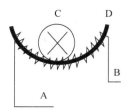

图 2-12　改进的电流互感测量线圈　　图 2-13　改进的电流互感测量线圈（线径变大）

图 2-14 是架空线路电流测量原理电路图。图 2-12 中的 A、B 点接入图 2-14 中的 A、B 点，R_1、R_2 电阻分压，合理取 R_1、R_2 电阻值，对由互感电流产生的电压进行采样，保证 A/D 输入不会处于最大值饱和输入状态。DW_1 稳压管保护 A/D 引脚在电流正半周时不受大电压冲击，在电流负半周时，起到续流作用，使 A/D 转换电路负半周采样为 0。对 C_1 选取合适的电容值，对采样输入信号进行去干扰滤波。采样信号处理采用意法半导体公司的 Stm32F103Ret6 32位芯片完成。采用图 2-12、图 2-14 这种改进的电流测量电路，在一定范围内基本可以消除电缆粗细对测量精度的影响。

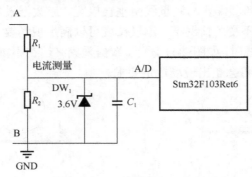

图 2-14　架空线路电流测量原理电路图

2.2.8　基于多基点自适应高精度电流测量校正方法

针对图 2-14 的电流测量原理，采用基于多基点自适应高精度电流测量校正方法对半波积分电流测量值进行校正计算。

1. 半波积分和单基点自适应校正

正弦周期信号在任意半波内，正弦量的绝对值积分为一常数 C，其数学描述是：

$$C = \int_0^{\frac{T}{2}} \sqrt{2} I |\sin(\omega t + \alpha)| dt = \frac{2\sqrt{2}}{\omega} I \tag{2.2-8}$$

其中，I 是电流有效值。

所以，有以下公式成立：

$$I = \frac{\omega}{2\sqrt{2}} C = \beta_1 C \tag{2.2-9}$$

其中 $\beta_1 = \dfrac{\omega}{2\sqrt{2}}$，定义为一级修正系数。

根据图 2-14 电流采样电路工作原理可知，系统 A/D 采样电路在电流负半周采样值为 0，在电流正半周采样值非 0。所以实际线路电流值只能用到电流正半周时的离散采样值来代表，这里采用半波积分法求取一个周期内线路电流值。设一个电流周期内采样 N(偶数)个点，则有 $N/2$ 个零点，为统一计算方便，0 也计入在内。在 A/D 电路中，一个周期内电流离散采样积分值定义为 Current_temp，则有

$$\text{Current\_temp}=\sum_1^N (\text{A}/\text{D})\_\text{Result}(n) \tag{2.2-10}$$

设 C= β_2 Current_temp，β_2 定义为二级修正系数。

考虑整数 ARM 处理器处理除法速度，则实际电流有效值计算公式为

$$I=\beta_1\beta_2\,\text{Current\_temp}=(\beta * \text{Current\_temp})/2^{13} \tag{2.2-11}$$

其中 $\beta = \beta_1\beta_2 * 2^{13}$，定义为系统实际电流修正系数，其在程序中自适应计算方法为

$$\beta = \beta * \frac{I_{校准}}{I} \tag{2.2-12}$$

在实际校准中，β 可以初始化为任意大于 0 的整数，在系统几次自动校准后，其值可以自动优化为最佳值。由式(2.2-11)和式(2.2-12)，可以较精确校正任意单一点处的电流值，误差在 ±1% 以内。

2. 最小二乘法分段校正

在电力行业标准中，一般要求数据采集终端电流测量误差分段满足技术指标要求。当线路电流在 0A<I<20A 时，测量绝对误差要求 ±3A 以内；当线路电流在 20A≤I≤600A 时，测量相对误差要求在 ±5% 以内。为了让数据采集终端电流测量误差达到要求，这里选取 10A、50A、100A、150A、200A、250A、300A、350A、400A、450A、500A、550A 这些电流值作为理论校准值，采用式(2.2-3)、式(2.2-4)、式(2.2-5)计算出系统实际电流修正系数 $\beta^{10A}, \beta^{50A}, \cdots, \beta^{550A}$。

修正系数的值取 β^{10A}，以 10A 为中心，对系统标定值 $Y_{1\sim11}$，当电流分别取 0A、2A、4A、6A、8A、10A、12A、14A、16A、20A、22A 时求取电流相对应的正行程和反行程测量值的平均值 $X_{1\sim11}$。

根据最小二乘法计算式(2.2-13)、式(2.2-14)：

$$k = \frac{n\sum x_i y_i - \sum x_i \sum y_i}{n\sum x_i^2 - \left(\sum x_i\right)^2} \tag{2.2-13}$$

$$b = \frac{\sum x_i^2 \sum y_i - \sum x_i \sum x_i y_i}{n\sum x_i^2 - \left(\sum x_i\right)^2} \tag{2.2-14}$$

可以求取 0～22A 最佳拟合直线的斜率 k^{10A} 和截距 b^{10A}，由此计算出拟合直线 $y = k^{10A}x + b^{10A}$，当实际电流测量值在 0～20A 以内时，用此直线进行校正。当实际电流值为零时，需要进行特殊处理。

同理，可以分别求出以 50A，100A，…，550A 为校准参考中心点的分段校准拟合直线 $y = k^{50A}x + b^{50A}$，$y = k^{100A}x + b^{100A}$，…，$y = k^{550A}x + b^{550A}$。

若某一实际测量待校准的电流值是相邻两个拟合区域的公共覆盖点时，则采用相邻两个拟合直线分别校准，然后取平均值作为最后实际测量值。公共覆盖点处测量误差一般比较大。

3. 基于多基点自适应高精度电流测量校正方法

取 10A、50A、100A、150A、200A、250A、300A、350A、400A、450A、500A、550A 这些电流值作为测量基点；取 $y = k^{10A}x + b^{10A}$，$y = k^{50A}x + b^{50A}$，$y = k^{100A}x + b^{100A}$，…，$y = k^{550A}x + b^{550A}$ 作为电流校准曲线；取 20A、70A、120A、170A、220A、270A、320A、370A、420A、470A、520A 分别作为 $y = k^{10A}x + b^{10A}$ 和 $y = k^{50A}x + b^{50A}$，$y = k^{50A}x + b^{50A}$ 和 $y = k^{100A}x + b^{100A}$，…，$y = k^{500A}x + b^{500A}$ 和 $y = k^{550A}x + b^{550A}$ 计算分界点。设数据采集终端某时刻未校正电流测量值为 I_f，校正后电流测量为 I_o，则基于多基点自适应高精度电流测量校正算法描述语言如下：

```
If (I_f==0)
I_o=0;
Else If (0<I_f && I_f<20)
    I_o=k^{10A}I_f + b^{10A} ;
Else if (I_f==20)
{
    I_a=k^{10A}I_f + b^{10A};
I_b=k^{50A}I_f + b^{50A} ;
```

```
Io=(Ia+Ib)/2;
}
Else if (20<If && If<70)
Io=k50AIf + b50A ;
Else if (If==70)
{
    Ia=k50AIf + b50A ;
Ib=k100AIf + b100A ;
Io=(Ia+Ib)/2;
}
…
Else if (If>520)
Io=k550AIf + b550A ;
Else
;
```

通过硬件设备和程序相结合校正测量电流后，测量精度符合现场技术指标要求。基于多基点自适应高精度电流测量校正方法已用在改进产品中，并投入实际运行，获得了良好的运行经验。

2.2.9　超高精度数据采集终端电流测量方法

采用 2.2.7 节介绍的设备和半波积分法，电流测量精度可达±3%。目前，国家有关标准中要求测量值在 0～300A 时，误差在±3A。300～600A 时，误差在±1%。实际架空线路中运行的电流大多在 50～100A 以内，尤其以 2～20A为主要负荷区间。这样，在电流负荷小时，测量精度要求不够。标称精度够的区间，实际线路中又不在此电流值范围运行。因此，以电流值测量为判断依据或计量，就会带来较大误差。

仔细研究目前数据采集终端电流测量方案，会发现有一定缺陷：一是采用开环磁路作为电磁感应测量电流，误差较大，通常为±3%～±5%；二是采用罗氏线圈测量，小电流测量时，磁感应较弱，误差较大。300A 以上时，误差在±1%。实际中 300A 以上大电流的架空线路运行相当少见，除非短路故障发生时。因此，测量指标无实际意义。采用坡莫合金为测量铁芯，磁路采用开启式闭合磁路方案可以进一步提高电流测量精度。因为坡莫合金不生锈，所以也符合野外使用。另外，坡莫合金具有高饱和磁感应强度、高导磁率、低损耗及良好的稳定性和耐蚀性，且具有频率特性优秀的特点，这样就非常符合 50～4000Hz 频率电流测量要求。

图 2-15 是改进后的双超型电流测量铁芯与绕线原理图。环形坡莫合金铁芯尺寸外直径 9.5cm，内直径 8.5cm，厚度 0.5cm。在环形铁心上绕 750 匝 0.25mm 直径的漆包线，并留出 A_1、B_1 两个引线端子。将绕好线的铁心置于专用盒子中并用环氧封装，非对称切割开，做成开启式电流互感器。

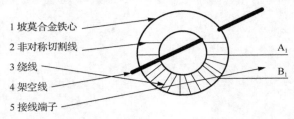

1 坡莫合金铁心
2 非对称切割线
3 绕线
4 架空线
5 接线端子

图 2-15 双超型电流测量铁芯与绕线原理图

图 2-16 是超高精度数据采集终端电流测量电路与自适应短路判断中断电路原理图。A1、B1 两个端子分别接图 2-16 中的 A 和 B。A、B 之间接有电流测量取样电阻 R_0，通过放大器 U_1 和电阻 R_1、R_2、R_3、R_4 构成同相加法器，放大器 U_1 输出接到 STM32CPU 的 A/D 输入端子。这样构成电流值测量通道。取样电阻 R_0 采用高精度电阻，阻值为 $N_1\Omega$。电阻 R_1、R_2、R_3、R_4 电阻值相等，为 $N_2\Omega$。这样，A/D 采样的输入值为 $V_1 = V_i + V_1V_5$，且最大值限制在 A/D 非饱和输入范围之内，最大值为 3.3V。由于采用闭合磁路测量线路电流，且坡莫合金具有高饱和磁通、高导磁率、极高的电感和低损耗及频率特性好的特点，所以测量输出响应快，测量值线性度高。

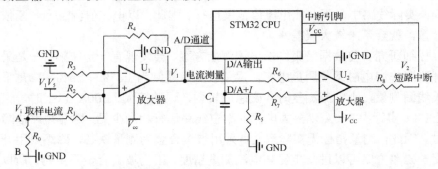

图 2-16 超高精度数据采集终端电流测量电路与自适应短路判断中断电路原理图

假设一个周期采样 N 个点(40)，则平均值为

$$\overline{I}_N = \sum_{a=1}^{N} I_a / N \qquad (2.2\text{-}15)$$

均方根电流值：

$$I_{\text{rms}} = \frac{\sqrt{\sum_{a=1}^{N}(I_a - \overline{I}_N)^2}}{N} \qquad (2.2\text{-}16)$$

设电流真值为 I_r，则均方根电流值 I_{rms} 与 I_r 之间关系为

$$I_r = \beta I_{\text{rms}} \qquad (2.2\text{-}17)$$

其中，β 为校正系数，在实际校正中，取真值 300A 为校准系数，即 $\beta = 300/300_{\text{rms}}$。

为了进一步提高数据采集终端小电流值的测量精度，在小电流区间[0, 20A]，用式(2.2-17)，取校正系数 $\beta = 10/10_{\text{rms}}$，然后用式(2.2-15)和式(2.2-16)测量 20 个点 $I_1, I_2, I_3, \cdots, I_{20}$，用直线公式

$$I = kI_i + b \qquad (2.2\text{-}18)$$

计算值作为实际测量值，这样小电流值测量误差控制在绝对误差±0.6A 左右。式(2.2-18)中 k 和 b 的值用式(2.2-13)和式(2.2-14)计算。

式(2.2-13)和式(2.2-14)中，x_i 和 y_i 分别代表测量值 $I(i = 1,2,\cdots,20)$ 和相对应的真值 1, 2, 3, $\cdots$, 20。

对[20，600A]电流区间值，用上面所述方法，同样可以进行二次校正，校正后的测量精度相对误差在±0.6%。显然，电流测量精度比现有国家标准高出很多。

超高精度超高准确性数据采集终端如图 2-17 所示。

注意：短路故障报警是数据采集终端必备功能之一。图 2-16 电路给出一种自适应短路中断电路原理图。U_2 是比较放大器。正常情况下，$V_1 < D/A+I$；当短路发生时，$V_1 > D/A+I$，比较器翻转，进入短路中断。由于比较器一端输入 V_1 即时变化的量，D/A 是上次转换结果的量，I 是突变门限，一般取 150A。因此，通过 D/A 跟踪线路电流变化，可以形成自适应短路中断信号，提高了短路判断的准确性。另外，电流突变门限值在实际中可以通过系统设置调整。通过图 2-16 短路中断电路，当系统进入中断后，U_1 输出进入 A/D 采样电路，采用式(2.2-15)至式(2.2-18)进一步计算短路时电流值，与中断前电流值比较，进一

步判断短路条件是否满足，再结合电场跌落条件，可以 100%识别架空线路短路故障。短路识别最短时间可以控制在 20～40ms。

图 2-17　超高精度超高准确性数据采集终端

2.3　接地判断方法

由于 10kV 配电网中性点接地方式多种多样，以及受实际线路物理结构和地域分布所影响，造成接地故障判断困难。目前解决接地故障的方法主要有以下几个：注入信号法、线路对地电容放电法、零序电流判断法、三相对地电压比较法等。注入信号法需要外接信号源，给供电系统带来额外故障隐患，另外注入信号的频率选择也影响到选线的正确性；线路对地电容放电法受到中性点外接消弧线圈影响，导致故障选线的正确率较低；三相对地电压比较法需要测量三相对地电压，依据电压值大小排序决定接地相，但在实际配电线路中直接测量对地电压具有很大不便性。

随着技术的发展，一度不被看好的无源监测手段又取得了很大发展。针对暂态变化的接地过渡过程，在架空线路单相接地故障判断实践中，无源监测设备中用得较多的方法主要有电容放电启动(电流 5A)结合电场跌落法、零序电流合成法、db5 小波变换模系数极大法、三相同步电流测量梯度法等。几种方法结合在一起，85%以上概率能够判断出单相接地故障，包括小电流接地情况的判断。

2.3.1　电容放电与电场跌落法

　　单相接地故障发生时，线路对地分布电容会产生短暂放电过程。接地电阻不同时，放电波形有一定区别。图 2-18 至图 2-20 给出了接地电阻在 80Ω以下及 400Ω、1000Ω条件下的波形。伴随放电过程，还有对地电场跌落过程。当这两个条件都满足时，在电场跌落到某个阈值一定时间后，线路还有电流流过，这时可以肯定发生了单相接地故障。

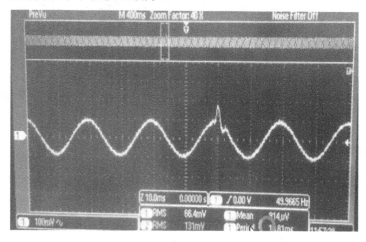

图 2-18　接地电阻 80Ω以下，电容放电实验波形

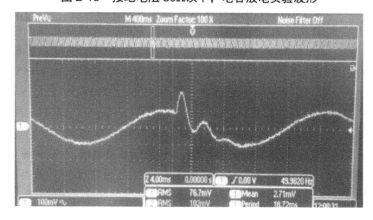

图 2-19　接地电阻 400Ω，电容放电实验波形

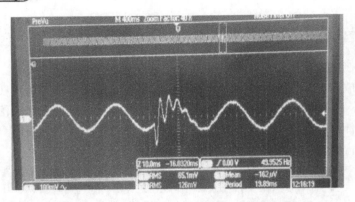

图 2-20 接地电阻 1000Ω，电容放电实验波形

检测对地电容放电波形，需要设计一个二阶有源高通滤波器，下限截止频率设为 150Hz。高通滤波器输出接到一个双限比较器输入端子。比较器输出作为中断引入信号。

2.3.2 零序电流合成法

本方法是作者 2013 年 3 月所提，目前得到广泛使用。已授权"同步测量三相矢量合成技术故障监测终端"(ZL201310104705.3)专利，开辟了零序电流分析法数据采集终端原理研究先河，是录波型故障指示器原理基础。

国家配电网规划设计技术原则对于 10kV 用户一般不供给单相负荷。若有单相负荷，则应用三相到单相的转换装置或将多台的单相负荷设备平衡分布在三相线路上。大型 10kV 及以上的设备(如电气机车)或是三相负荷也有可能单相运行(如电渣重熔炉等)，当三相用电不平衡电流超过供电设备额定电流的10%，应考虑采用高一级的电压供电。由于不对称负荷将引起负序电流，而负序电流会产生 100Hz 频率的倍频电流，此电流会对发电机产生危害，严重时会产生"负序电流烧机"的后果。另外，针对发电机还会产生 100Hz 的共振危害。所以，实际 10kV 及以上供电系统，为避免对发电机造成危害，经过技术处理后，电网可以认为是处于三相平衡状态，即假设负序电流近似为零。

电网中一般不平衡度通常用负序电压与所加电压之比来计算衡量。一般情况下，低压电网中不平衡度不得超过 2%，在中压电网中不得超过 1.5%，在高压电网中不得超过 1%。

1. 技术方案

对于 10kV 及以上架空线路，正常工作无故障时，其三相平衡矢量电流如图 2-21 所示。

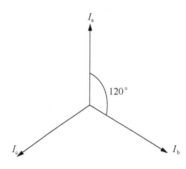

图 2-21　三相平衡矢量电流图

正常情况下，有：

$$I_a + I_b + I_c = 0 \tag{2.3-1}$$

成立。当系统产生接地故障后，三相平衡电流被打破，不再满足式(2.3-1)，此时有

$$I_a + I_b + I_c = I_0 \tag{2.3-2}$$

成立。此时可以认为 I_0 即是零序电流。

式(2.3-2)蕴含重要意义，对于三相电缆形式的零序电流检测装置，就是利用式(2.3-2)原理进行接地故障检测的，此原理可以推广到架空线路中使用，但要采用同步测量技术。利用矢量重构理论完成架空线路的零序电流检测，此即为矢量合成测量的基本原理。一般情况下，由于线路存在不平衡性，零序电流理论上不为 0，线路实际运行时会有一个不平衡阈值。

对于架空线路而言，由于目前已有检测设备均是异步检测装置，难以同时测量三相电流信号值，不可以实现矢量重构，因而需要改进装置测量方法。

测量瞬时值对于检测装置而言，会有一定误差。可以考虑改造式(2.3-2)测量方法。对于任意 $t+\Delta t$ 电流矢量图如图 2-22 所示。

正常三相无故障平衡时，有

$$I_a(t+\Delta t) + I_b(t+\Delta t) + I_c(t+\Delta t) = 0 \tag{2.3-3}$$

$$I_a(t) + I_b(t) + I_c(t) = 0 \tag{2.3-4}$$

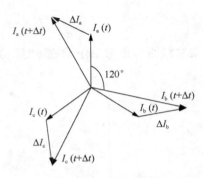

图 2-22　t+Δt 电流矢量图

又因为：

$$I_a(t+\Delta t)= I_a(t)+\Delta I_a \qquad (2.3\text{-}5)$$
$$I_b(t+\Delta t)= I_b(t)+\Delta I_b \qquad (2.3\text{-}6)$$
$$I_c(t+\Delta t)= I_c(t)+\Delta I_c \qquad (2.3\text{-}7)$$

所以有：

$$\sum \Delta I(a,b,c)=0 \qquad (2.3\text{-}8)$$

由式(2.3-8)可知，在正常平衡状态下，三相电流增量矢量和也为零。因此，可得如下定理。

定理一：若某时刻 t 三相平衡，Δt 后，三相不平衡，则 $\sum \Delta I(a,b,c) \neq 0$。

定理二：若某时刻 t 三相平衡，Δt 后，由于 $\sum \Delta I(a,b,c) \neq 0$，则有三相不平衡产生。

定理一和定理二证明比较简单，结合式(2.3-3)～式(2.3-7)容易得出。因此，式(2.3-8)可以用于架空线路接地故障检测，比式(2.3-1)更具可操作性。

在实际设备检测过程中，要想实现式(2.3-8)测量原理，需要三相数据采集终端同步测量同一时刻各相电流的增矢量 ΔI，由于 ΔI_a、ΔI_b、ΔI_c 相位差 120°，故可以由数学上构造出三相 120° 相位差的矢量和，此即基于矢量重构理论的架空线路接地故障监测终端原理。测量 ΔI 的好处在于它比瞬时值易测，可以在一定程度上消除测量误差。

2. 实施方式

采用矢量重构理论测量架空线路接地故障，具有几个关键点，列举如下。

(1) $\sum \Delta I(a,b,c) \neq 0$ 判断接地故障，其中 $\sum \Delta I(a,b,c)$ 的值需要根据现场要求整定。

(2) 同步测量需要精准实现，这是矢量重构的关键所在。

(3) 检测终端对电流值的测量需要提高精度，这是关键因素之一。

(4) 要结合现有接地时对地电容放电方法综合判断，这是辅助判断方法，以辅助方法验证矢量重构方法。

依据以上几个关键点，针对 50Hz 交流电，其周期是 20ms。同步测量时间误差不能在 ms 级别。若在 ms 级别，1ms 将导致 18°误差，测量结果将带来较大误差。若提高到 μs 级别，1μs 误差将导致 0.018°误差，此误差已是非常微小，可以满足测量要求。因此，在硬件设备选择上要选择μs 级和硬件反应速度为 ns 级设备。综合考虑抗干扰性能及通信速度要求，采用免费频段的 2.4G 通信技术可以基本满足以上技术要求。

图 2-23 是系统工作示意图。A、B、C 三相数据采集终端悬挂在架空线上，3 个数据采集终端与 DTU 采用 433MHz/2.4G 频率通信。在一次通信过程中，A 相先发出采集电流信号给 B、C 相数据采集终端，同时自己启动采集动作。B、C 两相收到指令后启动采集动作，采集完毕后，将采集到的电流值发送给 A 相，A 相数据采集终端统一将三相电流信号打包后发送给 DTU。DTU 判断接收到的信号是否包含三相电流值，若包含，则按照 104 协议直接将数据发送给后台；若判断有某相电流值缺失，则直接启动 A 相重新进行新的一次数据采集动作。

后台收到数据后，按 A、B、C 三相矢量相差 120°构造矢量求和公式，从而判断该次测量值是否反应目前系统接地故障状态。以上即是基于矢量重构理论的架空线路接地故障监测原理实现过程。本法再结合电场跌落，可以比较准确地判断单相接地故障。

图 2-23　系统工作示意图

3. 数据采集终端硬件原理

一种基于矢量重构理论的接地故障数据采集终端基本原理框图如图 2-24 所示，主要由单片机、无线通信模块、线路电流检测、电源四大部分构成。

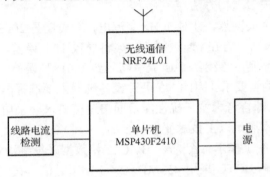

图 2-24　接地故障数据采集终端基本原理框图

通过数学方法合成零序电流从而监测接地故障是否发生，其原理明确，技术可行。不过整个系统对通信速度、设备可靠性的要求比较高，在 5G 通信条件下会取得更好效果。

2.3.3　db5 小波变换模系数极大法

通过超高精度测量设备测量线路电流和对地电场，分析对地电场和接地电流瞬态变化，通过数学分析，找出接地故障发生时的特征，就可以判断单相接地故障是否发生。根据实践和理论计算，下面介绍一种同步监测变电所某一个主干支路的所有分支电流与对地电场，并对某一组同步监测到的电流值进行 db5 小波变换，并结合监测点对地电场变化，判断监测支路是否有接地故障发生。此方法具有很强可操作性，实践结果表明，故障报警准确率很高。

1. 对地电场测量

单相接地故障监测装置对地电场测量电路原理图如图 2-25 所示。电路图中 Line 线与线电压为 10kV 的裸线直接连接，则 C_1 和 C_4 被充电。C_4 是线路对地分布电容，由于线路高度和对地介质变化，C_4 是一个变化的电容。在忽略电容极板边缘效应时，其电容量大小为

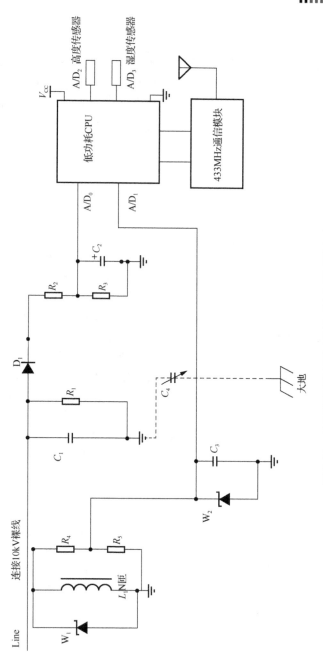

图 2-25　单相接地故障监测装置对地电场测量电路原理图

$$C_4 = \frac{\varepsilon_0 \varepsilon_r S}{d} = \frac{\varepsilon S}{d} \tag{2.3-9}$$

其中，ε_0 和 ε_r 分别为真空介电常数和介质的相对介电常数，S 为极板相对面积，d 为两极板间距离。考虑实际中 S 不变化，在现场中 d 有变化，故监测装置中设计了高度传感器，用以补偿高度变化带来的测量误差。在实际中，C_4 介电常数受空气湿度影响也较大，故设计了湿度传感器用以补偿湿度变化带来的测量误差。

设 10kV 对地电压为 V，在 R_1 很大的情况下，根据电容阻抗分压原理，可以求出 C_1 两端的电压为

$$VC_1 = V \left/ \left(\frac{1}{j\omega C_1} + \frac{1}{j\omega C_4} \right) \frac{1}{j\omega C_1} = \frac{VC_4}{C_1 + C_4} \right. \tag{2.3-10}$$

式(2.3-10)即监测装置测量线路单相接地故障的理论依据。当线路正常工作且无单相接地故障发生时，C_1 和 C_4 被充电，电压 VC_1 经过二极管 D_1 后，由 R_2 和 R_3 分压，经模拟/数字通道 A/D$_0$ 采样，采样值依据 10kV 对地电压(场)形式最后被标定为对地电压(场)值 5774。电容 C_2 起采样保持作用。当线路发生单相接地故障时，Line 通过跌落的 10kV 裸线直接接地，则线路与地之间电容 C_4 消失，$C_4 = 0$。同时，C_1 通过接地线直接将电荷泄放掉。依据式(2.3-10)，$VC_1 = 0$，R_3 和 C_2 由于没有电压输入，自身也形成了 RC 放电回路，这时采样到的对地电压(场)为 0。同时，A/D$_1$ 电流测量通路测量出接地瞬间电流放电过程，在接地稳态后，测出线路电流。根据我国《电网运行规程》，单相接地故障发生后，系统还可以运行两小时左右，也就是说带病运行的跌落线路中还有电流流过。所以，当测量出对地电压(场)为零且线路中还有电流时，就可以认为是发生了单相接地故障。这种测量原理放宽了硬件系统对测量及时性的要求，属于一种接地后稳态测量技术。当线路停电时，R_1 和 R_3 泄放掉 C_1 和 C_2 中的电荷，对地电压(场)测量为 0，同时线路中电流也为 0。电场测量流程图如图 2-26 所示，图中参数 E_1、E_0、N、M、H 是提前设置好的阈值大小。

2. 电流测量小波分析

结合对地电场跌落条件，还要对某相电场跌落时所测的电流进行小波分析。对于一般信号，若 $\forall f(t) \in L^2(R)$，则 $f(t)$ 的连续小波变换定义为

$$WT_f(a, b) = |a|^{-1/2} \int_{-\infty}^{\infty} f(t) \psi \left(\frac{t-b}{a} \right) dt, \quad a \neq 0 \tag{2.3-11}$$

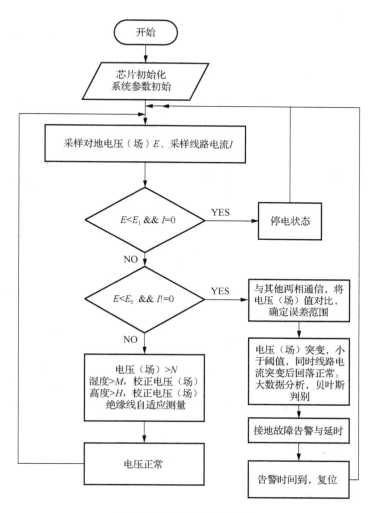

图 2-26　电场测量流程图

在实际应用中，取离散二进制小波变换，令 $b=\dfrac{k}{2^{j}}$，$a=\dfrac{1}{2^{j}}$，$j,k \in Z$，则有

$$\psi_{a,b}(t)=\psi_{\frac{1}{2^{j}},\frac{k}{2^{j}}}(t)=2^{j/2}\psi\left(2^{j}t-k\right) \tag{2.3-12}$$

针对电网接地时刻，线路电流必然发生瞬态变化，这种变化非常适合小波变换分析。对实际系统进行故障数据抽取，分别对 L_1、L_2、L_3 三条支路的 A 相、B 相、C 相故障时的瞬态电流作同步 db5 小波变换。dbN 系列小波由 Daubechies 女士提出，该小波没有明确的解析表达式，但可以通过滤波器求取出小波系数。其 db5 分析滤波器系数如下，是小波分析必须用到的系数。

$h_1[k]$={.0033357,.012581,−.0062415,−.077571,−.032245,.24229,.13843,−.72431, .60383,−.1601};

经过 db5 小波分析，所得结果如表 2-1、表 2-2、表 2-3 所示。该表计算条件取 A 相相位 90°，供电线路 L_1、L_2 无故障，供电线路 L_3 在 5km 处 C 相发生接地故障。架空线路零序电流值获取采用三相同步测量矢量合成技术。

表 2-1　L_3 支路小波模系数极大

L_3 5km C ground	零序电流小波模系数 I		A 相模系数		B 相模系数		C 相模系数	
	最大值	最小值	最大值	最小值	最大值	最小值	最大值	最小值
ML_3	24.354	−26.004	250.62	−243.26	238.14	−248.61	317.4	−343.46
数组位置	1015	970	983	972	1037	1041	990	970

表 2-2　L_1 支路小波模系数极大

L_1(L_3 5km C Ground)	零序电流小波模系数 I		A 相模系数		B 相模系数		C 相模系数	
	最大值	最小值	最大值	最小值	最大值	最小值	最大值	最小值
ML_1	13.534	−12.767	273.17	−273.82	262.1	−267.93	258.00	−271.27
数组位置	983	1015	983	1019	1037	1041	826	1032

表2-3　L₂支路小波模系数极大

L₂(L₃ 5km C Ground)	零序电流小波模系数 I		A 相模系数		B 相模系数		C 相模系数	
	最大值	最小值	最大值	最小值	最大值	最小值	最大值	最小值
ML₂	12.098	−11.434	264.77	−262.31	253.83	−261.33	250.03	−261.3
数组位置	970	994	983	1019	1037	1041	831	1032

分析表 2-1～表 2-3（其中 ML_1、ML_2、ML_3 是每条线路小波变换后的模极大值），有如下公式近似成立：

$$ML_{3(1015)} \approx ML_{1(983)} + ML_{2(970)} \tag{2.3-13}$$

$$ML_3(C\ 相) = Max(ML_3(A)，ML_3(B)，ML_3(C)) \tag{2.3-14}$$

由式(2.3-13)和式(2.3-14)，可以导出如下单相接地判断法则。

法则(A)：在变电所某一个主干分支上，所有分支监测点的故障支路零序电流 db5 最大小波模系数(或其绝对值的最大值)近似为非故障支路零序电流 db5 最大小波模系数(或其绝对值的最大值)之和。这条结论用于供电所所有分支线路接地故障发生时的选线。

法则(B)：在变电所某一个主干分支上，故障支路故障相 db5 小波变换模系数最大值(或其绝对值最大值)在所有支路和所有相序中取得最大。

法则(A)在实际中用于故障选线；法则(B)用于故障选相。此仿真实验是在中性点处接消弧线圈做的，消弧线圈抑制了电路对地放电过程，使其结论更具有一般性意义。

3. 接地故障分析

接地瞬态过程中，线路电流和对地电场均会发生短暂剧烈变化。如果监测点远离变电所出口处，则接地处对地电场稳态后理论上应该为 0。鉴于测量误差，此值一般近似为 0。所以，结合线路小波暂态分析结果和对地电场测量分析结果，可以进一步提高线路接地故障判断准确性。这种暂态分析方法受中性点接地方式的影响较小，适合中性点接地或不接地系统，适用范围广，是未来技术发展方向之一。图 2-27 所示是实际现场监测到的接地故障电场波动图。

对地电场监控图（故障分析）

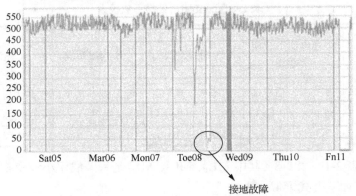

接地故障

图 2-27　接地故障电场波动图

4. 算法流程图

　　为了从整个供电支路系统角度确定接地故障发生时的线路和相位，需要明确给出故障发生时的选线和选相结论。可归纳计算流程如图 2-28 所示。

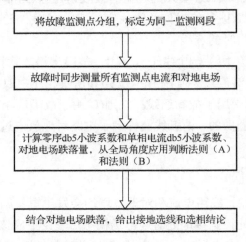

图 2-28　小波变换算法流程

　　同步测量某一主干分支架空线路零序电流和三相电流，在故障时分别进行 db5 小波变换，得到故障支路零序小波模系数最大值(或绝对值最大值)近似为其他支路零序小波模系数最大值(或绝对值最大值)之和，以及故障支路故障相电流小波模系数最大结论。结合接地故障点对地电场下降理论，可正确识别接地故障。

2.3.4　三相同步测量梯度法

针对架空绝缘电力导线单相断线，采用倒推报警、断线首尾梯度法解决。在电线分支处和末端处安装至少两套监测系统。如果分支处报出故障，则往前端显示报警；如果末端报出故障，则往后端显示报警。

设二元向量 $B_s(E_s(t)，I_s(t))$、$B_e(E_e(t)，I_e(t))$ 分别代表分支处和末端同步监测到的电场和电流值。

$$\bigtriangledown B= (E_s(t)-E_e(t))i+(I_s(t)-I_e(t))j \qquad (2.3\text{-}15)$$

正常情况下，$\bigtriangledown B$ 近似为 0，在断线时，$\bigtriangledown B$ 有极大突变产生。在计算时，A、B、C 三相分别计算，三相中梯度变化值最大相即为断线相。

也可以构造单个监测点三相同步测量，电场和电流值相隔 1 分钟，采用同步梯度和历史梯度变化来考察单相接地的断线故障。如果同步测量出某相电流为 0，其他两相不为 0。结合对地电场考虑，为 0 相即为断线相。

2.3.5　小电阻接地

接地点电流正常突破 100A 以上，电流突变期间，电场跌落，然后电路跳闸。小电阻单相断线接地故障可以按短路故障判断，需要降低突变电流门限值到 100A 以下即可。图 2-29 所示为断线电流突变，图 2-30 所示为雷击断线现场。

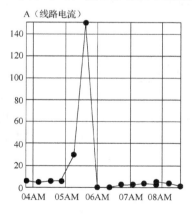

图 2-29　断线电流突变

图 2-30　雷击断线现场

2.3.6 中性点接地方式对接地故障判断的影响

单相接地是 10kV 架空线路最难解决的故障之一。近年来为了提高线路可靠性，架空线路大量更换了绝缘导线，致使断线式单相接地故障报警更难确定。早期产品设计原理主要针对的是裸导线，尽管理论上采用绝缘导线只是增加了等效电容，判断规则不变，但绝缘线接地后电缆芯是否直接接地还是会影响到判断结果的。另外中性点接地方式不同，也会导致单相接地判断规则的变化，增加故障排查难度。我国 10kV 配电网线路中性点接地主要有以下 3 种方式，每种方式对单相接地故障排查影响不同。

1. 中性点不接地

这种方式主要用在农村架空线路上，保证接地时系统可以正常供电两小时左右。因为农村供电电路会有很多瞬时故障，所以以此来保证供电的相对可靠性。三相电源之间的电压是线电压，各相火线与中心点之间为相电压，正常运行时三相电源的线电压是平衡的。由于是中心点不接地系统，其中心点电位是可以漂移的。A 相接地故障时，接地相与大地同电位，为零电位。此时 A 相对地电压为 0，但是变压器中心点没有接地，其电位没有被强行固定在零电位上，此时中心点漂移了，中心点的电压不是 0 了，而是 A 相的相电压了。所以 B、C 两相与 A 相之间还是线电压，还是平衡的。

这时单相接地故障判别主要是识别 A 相对地电场的突变和对地电容电流变化。只要对地电场突变达到要求，同时在规定时间内线路还有电流流过，就认为发生了单相接地故障。

2. 小电流接地(经消弧线圈接地)

中性点经消弧线圈接地方式也是主要针对架空线路的。中性点不接地系统发生单相接地时会发生拉弧现象，为了避免这个现象，在中性点加入消弧线圈，以补偿线路电容放电过程。这种单相接地故障判别也是主要识别某相对地电场的突变和对地电容电流变化。但这种接地方式会让变电所中小电流选线设备判断准确率大为降低。

3. 小电阻接地

这种方式主要用在电缆线路中，电缆一旦发生接地，一般都是永久接地故障，为了防止电缆火灾发生，必须要迅速断开电源。所谓小电阻接地方式，即中性点与大地之间接入一定阻值的电阻。该电阻与系统对地电容构成并联回路。由于电阻是耗能元件，也是电容电荷释放元件和谐振的阻压元件，对防止谐振过电压和间歇性电弧接地过电压有一定优越性。在中性点经电阻接地方式中，一般选择的电阻阻值较小，在系统单相接地时，控制流过接地点的电流在500A 左右，也有的控制在 100A 左右，通过流过接地点的电流来启动零序保护动作，切除故障线路。小电阻接地故障持续时间一般设置在 200～300ms 范围、线路保护装置自动切掉故障点。

这种接地方式可以按短路报警设计，当接地点电流突变达到 100A 时，即发生报警。也可以按一般意义下的电容放电、电场跌落原理报警。

2.4　故障反演算法

2.4.1　反演算法介绍

某相对地电场跌落，同时启动其他两相同步测量电场和电流波形，三相分析完毕，互相通信确认计算结果。这种方法提高了接地判断的准确性。要进一步提高故障报警的准确性，可以使用故障反演算法。

设状态机矩阵 S_a 和 S_b 的值是由同步测量结果得来的，且属于同一个网段内的监测点矩阵值。当电力系统故障发生时，根据故障记录时间顺序，就可以从监测系统二叉树图上知道故障信息传播路径，通过软件状态机办法完全再现现场故障报警过程。一旦有误报产生，通过故障反演，查找到故障源头，就可以消除误报。

设故障事件 Event(t)代表不同时刻故障，图 2-31 表示故障时间记录序号。

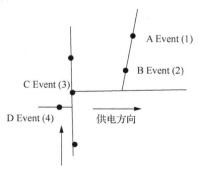

图 2-31　故障时间记录序号

假设 A 点发生了接地故障，故障信号传播路径可能是 A→B→C→D。从报警结果来看，D 就是一般意义上的误报。根据报警序列和故障反演，我们可以再现现场报警过程并动画演示报警序列。这样，现场人员就可以判断出 A 点是第一报警源并重点排查故障。由此，解除 D、C、B 的报警。整个故障反演算法可以描述成图 2-32，即故障反演流程图。

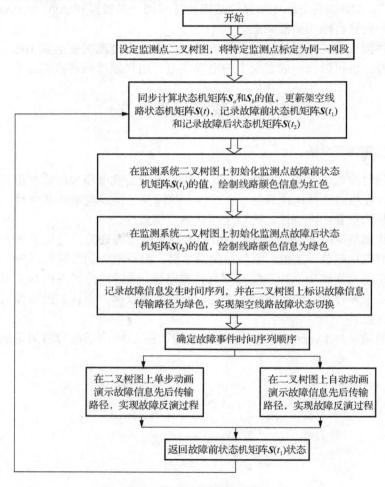

图 2-32　故障反演流程图

2.4.2　反演算法案例

故障反演算法面向一线用户提供复杂报警情况下的故障点精确判断，该算法已被国家专利局授权，专利号为 ZL201611254984.1。

1. 基本原则

(1) 每个 DTU 都是监测其后向的一段线路（顺电流方向下方）；

(2) 主干上面的 DTU 也能监测到所属支路上的线路；

(3) 没有监测到的线路状态也能用其他监测设置报警信息推测出来；

(4) 红色箭头表示电流流向；

(5) 发生故障地点的报警信息，会向电流方向逆向衍生传递；

(6) 当发生短路故障时，还要反演出最大短路电流支路和最远报警支路，形成连通路径；

(7) 既有短路故障在先，又有接地故障在后的报警，只考虑短路报警；

(8) 只有接地报警故障发生时，也要形成连通路径；

(9) 一般连通路径最远处就是故障发生位置，如果没有，则在最近处上游(特例，外力挖断电缆情况的杂乱报警除外)。

2. 人工反演算法分析

【例 1】　关于某地多处故障报警，如图 2-33 所示，单纯从报警图来看，现场人员很难获取具体故障位置。但通过故障反演，利用反演规则，就很容易判断出故障具体位置。

A 18:30 左右，瓦疃 04 线发生多处故障报警，通过故障反演，需要知道具体故障位置。

B 18:27:32，总线_A 339 杆发生短路故障报警，如图 2-34 所示。

C 18:27:35，路庙支线_A 相发生接地故障报警，如图 2-35 所示。

D 18:27:36，瓦疃 04 141 杆 A 相发生接地故障报警，如图 2-36 所示。

瓦瞳04线

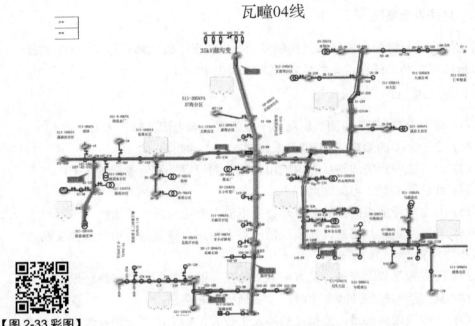

图 2-33　多处故障报警（彩图见左侧二维码）

瓦瞳04线

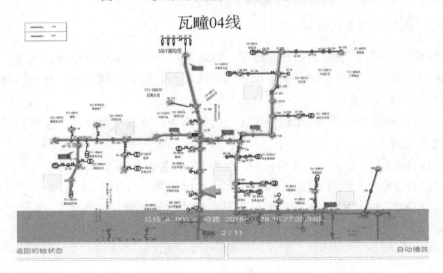

图 2-34　短路故障报警

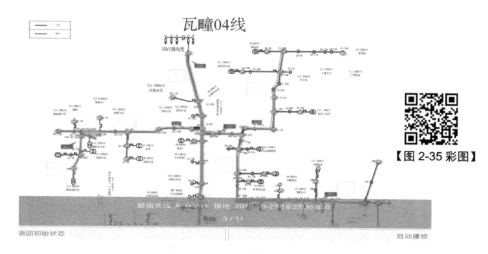

【图 2-35 彩图】

图 2-35　接地故障报警（彩图见右侧二维码）

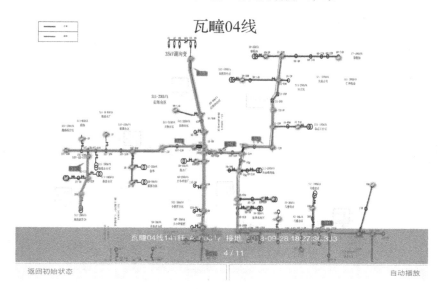

图 2-36　接地故障报警

E 18:27:40，总线_A 相发生接地故障报警，如图 2-37 所示。

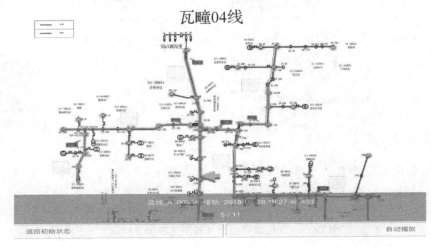

图 2-37　接地故障报警

F 18:28:52，总线_B 发生短路故障报警，如图 2-38 所示。

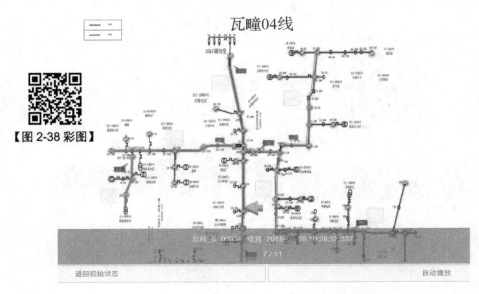

【图 2-38 彩图】

图 2-38　短路故障报警（彩图见左侧二维码）

G 18:28:55，总线_A 相发生接地故障报警，如图 2-39 所示。

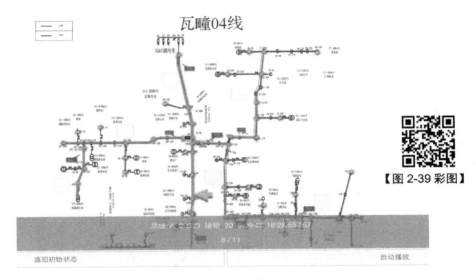

【图 2-39 彩图】

图 2-39　接地故障报警（彩图见右侧二维码）

H 18:30:07，总线_B 发生短路故障报警，如图 2-40 所示。

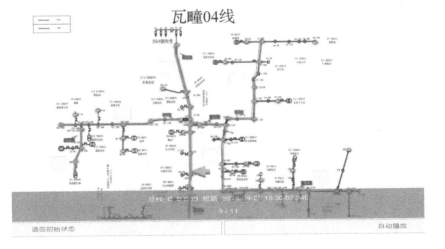

图 2-40　短路故障报警

I 18:30:08，薛圩支线_A 发生接地故障报警，如图 2-41 所示。

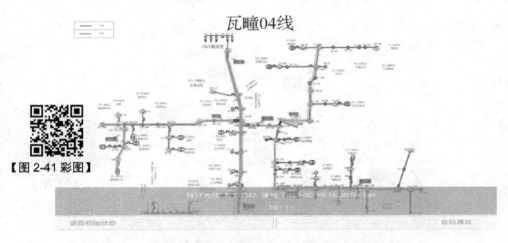

【图 2-41 彩图】

图 2-41　接地故障报警（彩图见左侧二维码）

J 18:30:10 总线_A 339 杆接地故障发生报警，如图 2-42 所示。

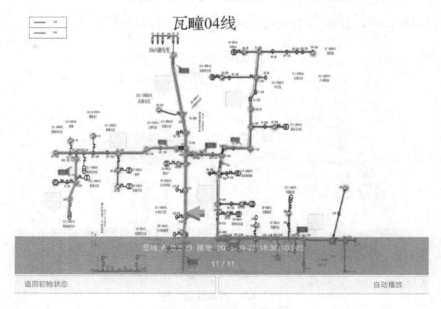

图 2-42　接地故障报警

以上就是整个故障发生的过程，可以由系统软件播放回顾。

注：以上几幅图的反演过程中箭头很大，且关键字已能说明主题，不会造成歧义影响。

(1) 反演应用。

根据上述反演过程可知，有多个地方在短短的一分钟内出现了多次的报警事件，而且分布在不同的位置。如果单单从报警地点来看，人们很容易误认为是多个地点发生故障报警，但如果知道各点报警的时间和报警的整个过程，很容易就能想到这是同一个地方的故障，导致多地点的报警现象。这种现象犹如地震震中位置向其他地方传播地震波。这时故障反演的重要性就体现出来了。通过反演能把整个故障先后顺序在系统中展示出来，从而找出故障的准确位置。

(2) 故障分析。

由故障反演过程和规则可知，短路故障发生时，可以排除接地故障的报警。所以路庙支线_A 相和薛圩支线接地报警及总线接地报警可以排除。为什么会产生接地报警呢？因为短路发生后系统速断，导致电场急剧跌落，系统残留电流报警。这样，就可以锁定系统是短路故障发生。所以，直接到总线_A 339 杆前面开始查找故障，巡线发现故障是由树被大风刮断所致，图 2-43 所示为树断导致的故障。

图 2-43　树断导致的故障

3. 机器自动反演，最优维护路径提示

最优维护路径算法可以描述如下。

(1) 系统只有接地类型报警。

① 只有单个接地报警，可以直接报警。最优维护路径就是故障显示段。

② 有若干个接地报警，第一时间故障报警点在叶子节点的，从叶子节点往上游寻找故障。第一时间报警点不在叶子节点，但叶子节点也报警了，还需要连通二叉树，从叶子节点往父节点寻找故障。

(2) 系统既有短路又有接地报警。在这种情况下，接地报警是由于短路后电场跌落导致的，接地不考虑。

① 如果只有一个短路报警，则从这个报警点前故障路径线向上维护，接地不考虑。

② 如果有两个及以上短路报警，还需要找出叶子节点，从最远处报警的叶子节点到父节点维护(即使第一时间报警点不在叶子节点，也要这样维护，不考虑时间第一原则，接地不考虑)。

(3) 系统只有短路报警。

① 一个短路报警，直接报维护路径。

② 两个及以上短路报警，还需要找出叶子节点，从最远处报警的叶子节点到父节点维护。

(4) 单相短路出现，当电场跌落时，上报雷击故障。

小　　结

本章介绍了 10kV 配电网架空线路的构成和状态监测系统的构成，分析了线路可能具有的不同状态，引出了状态转移分析方法。详细介绍了电流测量原理和超高精度校正算法，对短路故障和接地故障概念与判断方法进行了介绍和研究，尤其重点分析了接地故障判断方法。最后分析了故障反演算法，并通过案例演示反演算法的使用。

本章还给出了配电物联网工程中传感器部分的设计与测量校正过程，具有很强的参考意义。

思　　考

1. 短路故障判断方法有哪些？如何编写程序来实现？

2. 接地故障如何判断？如何编写程序来实现？

3. 故障反演算法核心内容是什么？如何通过二叉树遍历方法实现故障反演算法？

4. 结合传感器课程，谈谈你对电流测量技术的理解，试利用霍尔元件设计一个电流测量仪器，请画出基本测量原理框图。

第 *3* 章　数据采集终端

　　本章重点介绍数据采集终端的工作原理和工作模式，数据采集终端与数据汇集单元之间的通信协议，以及数据采集终端电源管理策略。读者可以从编程角度重点研究通信协议编写方式，通过本章可以学习到物联网工程中自定义协议方式和编写方式。数据采集终端是 10kV 监控系统关键设备，其电源供给系统设计是重中之重。大量工程实践表明，数据采集终端自身故障发生率有 90% 以上是电源供给发生了问题。本章将这个问题单独拿出来讨论，希望读者在设计多电源供给系统时有明确的参考对象。

研究目标

　　掌握数据采集终端结构原理图，理解其工作原理；
　　掌握数据采集终端仓库工作模式、中断工作模式和全速工作模式原理；
　　掌握双超型数据采集终端前端通信协议；
　　掌握多电源供给系统电源可靠性设计方案；
　　掌握 CPU 管理电源供给系统可靠性设计原则。

理论要求

知识要点	读者要求	相关知识
数据采集终端	(1) 结构原理图 (2) 工作模式	结构原理与工作模式
通信协议	数据采集终端与数据汇集单元通信协议	自定义协议内容与方法
多电源供给系统	(1) 电源管理电路原理 (2) CPU 管理策略	能量级别定义与管理策略

推荐阅读资料

1. 顾涛，王德志，陈超等. 基于全局小波系数平衡法判断单相接地故障的方法和装置：中国，201611254981.8[P].2016-12-30.

2. 顾涛，李旭. 单片机系统设计与实例开发【MSP430】[M]. 北京：北京大学出版社，2013.

3. http://www.stmicroelectronics.com.cn/zh/microcontrollers/stm32l471re.html(2020,4,12)

4. http://www.freertos.org(2020,5,16)

5. http://www.elecfans.com/article/83/116/2014/20141223361331_3.html，电源设计(2019,12,17)

6. 顾涛，王德，赵立永等. 一种架空线路数据采集终端的电源管理系统和方法：中国，201711361213.7[P]. 2017-12-18.

3.1　数据采集终端结构原理

3.1.1　基本结构原理

数据采集终端以前又称为故障指示器，由于功能设计上越来越多，测量精度越来越高，现在一般称之为数据采集终端。其功能主要是采集线路实时对地电场、线路电流和线路温度，以及在故障发生时及时上报短路故障和接地故障。数据采集终端原理如图 3-1 所示。

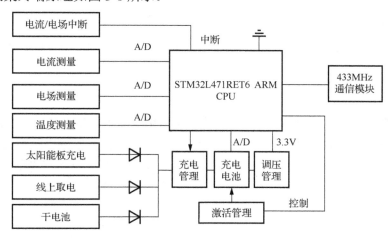

图 3-1　数据采集终端原理

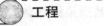

图 3-1 包含电流/电场突变中断模块、电流测量模块、电场测量模块、温度测量模块、太阳能板充电模块、线上取电模块、干电池模块、充电管理模块、充电电池模块、调压管理模块、激活管理模块、通信模块、CPU 模块。下面将挑选几个模块介绍。

1. 电流/电场中断模块

本模块可以产生电流中断和电场中断信号。在线路正常工作时，线路电流和电场均在一个正常值范围内运行。当短路或接地发生时，电流和电场都会发生突变。这个量可以作为中断引入信号，让系统进入短路或接地故障判断中，给予系统故障提示。

2. 电流测量模块

本模块提供超高精度电流测量，包括硬件部分和软件部分。电流测量精度和分辨率要高，才能识别线路上微弱的电容放电过程，才有可能捕捉到接地故障电容放电过程。因此，本模块是极其重要的模块。

3. 电场测量模块

本模块提供精确的相电场测量值，无论接地还是短路，本模块测量的量都会有突变发生，需要结合电流测量值内容综合分析。

4. 温度测量模块

通过与电力线接触的温度传感器测量导线温度，可以间接监测线路运行状况。

5. 电源模块

该模块包括太阳能板充电、线上取电、干电池供电、充电管理、电池管理、调压管理、激活管理几个模块。这些模块共同协作，向系统提供稳定电源。其中激活管理模块主要用于电池过放后的激活和管理，此模块非常关键，可以保证系统电池正常工作。其他模块功能将在相应章节介绍，此处不再介绍。

6. 通信模块

采用无线 433MHz/2.4G 射频技术，与数据汇集单元实现通信与数据交换。

7. CPU 模块

采用意法半导体公司的 STM32L471RET6 ARM 芯片作为控制核心，结合操作系统，进行系统控制。

3.1.2　数据采集终端工作模式

数据采集终端的工作模式主要有以下几种。

1. 仓库模式

产品生产后发货前，放在仓库，为了保持极低功耗，需要判断是否挂在电力线上。当定时中断检测到电流为 0 和电场为 0 时，说明没有上线或上线后没有供电，这时进入仓库模式。仓库模式中系统进入低功耗状态，采用定时中断唤醒，测量线路电流和电场。定时中断机制是 1s 唤醒一次 CPU 去检测电流和电场值。当电流和电场值符合上线条件，先进入异步测量特征值模式工作。

2. 异步测量特征值模式

系统进入异步测量特征值模式后，采用电流中断方式判断短路和接地是否发生。进入电流中断后，判断短路条件是否满足。若满足则报短路故障，不满足再判断电场条件和电流小波变换条件是否满足，若都满足则报接地故障，不满足则退出中断。实际中，还需要采用电场中断方式，进一步判断电流小波变换条件是否满足，再进行第二次报警确认，发出报警信号。由于采用中断方式，系统耗能比较低。在这种工作模式下，默认电池电能耗光和线上取电失败后，太阳能取电能够引导系统工作。此时充电芯片默认关断状态，先根据太阳能取能情况再决定充电管理机制，待到电池电压升高到一定等级后，进入同步测量模式。

3. 同步测量模式

同步测量模式是在电能充分的条件下确定的，此时两个 CPU 系统全部工作，433MHz 通信模块处于待接收和待发射状态。当某个采集终端电流(电场)有异变时，该采集终端向其他两个终端发射采集命令，启动数据采集。3 个采集终端同步录取电流数据 10 个周期，分别进行小波变换，进一步确认是否是接地故障发生。3 个采集终端采集电流和电场信息，分别对比判断电流和电场变化情况，第二次确认接地状态是否发生。在没有录波时，DTU 每隔 1s 对采集终端校时。

电场跌落条件设置是依据当前电场强度 E_N 满足 $E_N/5772 \leqslant K_1$ 和 $E_N/E_{N-1} < K_2$ 时，比较其他两项电场是否有异变，再同时判断电流条件是否满足设定条件。K_1 和 K_2 是设定的阈值。以上 3 个工作模式在实际运行中可以互相切换。

在能量不充分的情况下，三相同步校时采用剩余计数倒退法完成，误差在 ms 级。

3.2　数据采集终端与数据汇集单元通信协议

3.2.1　通信过程

数据采集终端主动发起通信，为了避免通信阻塞，在编程时 A、B、C 三相采集终端在发送数据时，要根据相序适当顺序延时发送。例如，以 A 相开始首先发送，发送完延时 20～100ms，然后 B 相发送，依次顺延发送。当某相没有收到 DTU 回复数据时，数据采集终端再主动发送 3 次，若 3 次内还没有收到 DTU 回复，即停止发送。数据采集终端上传的参数和 DTU 系统自身参数，均需要在后台显示出来。后台还可以通过程序远程设置 DTU 和数据采集终端参数，如数据采集终端和汇集单元传送时间间隔、短路门限值、电容放电门限值等。

3.2.2　数据采集终端与 DTU 协议

1. 数据采集终端主动上传数据

通信协议定义如下，其中每个单位定义为一个字节。

68H 帧长地址 1(低字节，接收目的地址) 地址 2(高字节，接收目的地址) 地址 3(低字节，发送源地址) 地址 4(高字节，发送源地址) 目的设备类型 源设备类型 功能码 支路号 相序 电流(低字节) 电流(高字节) 温度(低字节) 温度(高字节) 对地电场(低字节) 对地电场(高字节) 电容电流(低字节) 电容电流(高字节) 指示器内部电压 故障 00 00 00 00 00 00 00 00 校验和

帧含义说明如下。

帧头：68H。

帧长：不包括帧头 68H、帧长、校验和的剩余字节数。

校验和： 从帧头开始到校验和前的数据累加求和，进位舍去。

故障字节： 见表 3-1，环网柜中不分接地故障 A、B、C 相，有接地故障只在 Bit0 设 1，Bit1、Bit2 清 0。

表 3-1　故障字节定义

Bit7	Bit6	Bit5	Bit4	Bit3	Bit2	Bit1	Bit0
未定义，为 0	数据采集终端电压低，该位为 1	有 C 相短路故障，该位为 1	有 B 相短路故障，该位为 1	有 A 相短路故障，该位为 1	有 C 相接地故障，该位为 1	有 B 相接地故障，该位为 1	有 A 相接地故障，该位为 1

接收目的地址： 两个字节，代表 DTU 地址编号，0000～ffffH。低位在前，高位在后。

发送源地址： 两个字节，代表数据采集终端地址编号，0000～ffffH。低位在前，高位在后。

目的设备类型： 接收这个数据帧的设备编号。A_0，代表 DTU 接收数据。

源设备类型： A_3，代表架空线路数据采集终端。

功能码： F_0，自发(正常测量数据上传使用)。

　　　　　　F_1，立即发送(故障上传和接收设备之间回复握手数据使用。此时 DTU 只考虑故障字节，要求立即上报)。

支路号： 表示是哪个支路的数据采集终端。一个 DTU 最多可以管理 16 条支路，每个支路上安装 3 个数据采集终端。

相序： 每个支路的 A 相、B 相、C 相。

电流： 所测得线路的电流值，用两个字节表示，低字节在前，高字节在后。当短路故障标志位有效时，上传短路值；线路正常时，上传正常电流值。

温度： 所测得线路的温度值，用两个字节表示，低字节在前，高字节在后。

对地电场： 所测得线路的对地电场值(或对地电压值)，用两个字节表示，低字节在前，高字节在后。接地故障位有效时，上传接地对地电场(电压)。

电容电流： 线路电容放电电流，用两个字节表示，低字节在前，高字节在后。

指示器内部电压： 数据采集终端内部电源电压。

2. DTU 回复确认帧

DTU 收到数据采集终端上传的数据帧后，回复确认帧，XX 代表 16 进制数据，见表 3-2。其中，每个字节含义参考上面协议内容。

表 3-2   确认帧格式

帧头	帧长	接收目的地址 (2 字节)	发送机源地址 (2 字节)	设备类型 (2 字节)	功能码	校验和
68H	07H	XX，XX	XX，XX	A_3，A_0	F_1H	XXH

3. DTU 设置数据采集终端参数帧格式

数据采集终端参数可以由调试盒设置完成，也可以由 DTU 设置完成。
DTU 主动发数据帧到数据采集终端：

68H 帧长 地址 1(低字节,接收目的地址) 地址 2(高字节,接收目的地址) 地址 3(低字节，发送源地址) 地址 4(高字节，发送源地址) 目的设备类型 源设备类型 功能码 数据低字节 数据高字节 数据低字节 数据高字节 校验和

该帧采用固定帧长度格式，功能码后 4 个数据字节固定，没有值时，取为 00 00 00 00H。

帧含义说明如下。

目的设备类型：A_3，架空线数据采集终端。

源设备类型：A_0，DTU。A_1，调试盒。

功能码：F_2，设置支路号(0～F)，占数据低字节，数据高字节为 00 0000。

F_3，设置相序(1-A 相，2-B 相，3-C 相)，占数据低字节，数据高字节为 000000。

F_4，对地电场报警门限，占 2 个字节，数据低字节，数据高字节，0000。

F_5，设置短路电流门限(定值法)，占 2 个字节，数据低字节，数据高字节，0000。

F_6，设置电流突变量门限(突变法)，占 2 个字节，数据低字节，数据高字节，0000。

F_7，对地放电电容电流门限，占 2 个字节，数据低字节，数据高字节，0000。

F_8，终端通信间隔时间，占数据低字节，高位 000000，单位分钟。

F_9，故障复位时间，占数据低字节，000000，单位小时。

F_A，设置电流 100A 参数校准，无参数 0000。

F_B，短路电流门限到达后，延时时间，占数据低字节，数据高字节为 000000。

F_C，终端翻牌，无参数 00000000。

F_D，终端复位，无参数 00000000。

F_E，设置设备类型，占数据低字节，数据高字节为 000000。

F_F：设置终端地址和要通信的 DTU 地址，前两个字节终端地址，后两个字节要通信的 DTU 地址。

4. 数据采集终端回复帧

数据采集终端收到 DTU 设置帧，修改相关参数后回复 DTU 数据帧，格式见表 3-3。

表 3-3　回复帧格式

帧头	帧长	接收机地址	发送机地址	设备类型	功能代码	校验码
68H	NUM	XX，XX	XX，XX	XX，XX	**XX**	XX

本帧每个字节格式、顺序、含义与 DTU 设置帧一样。功能码与 DTU 原来发送的一样，表示本次参数修改完成的握手信号。

DTU 收到本帧后，结束本次通信；若没有收到，尝试下一次发送。DTU 程序给不同数据采集终端发送数据时，程序上主动判断区别不同对象后，自动顺序延时 20～100ms 发送后面数据，以解决冲突问题。同理，数据采集终端发数据和故障信息也必须在程序中以某相为参考相，然后按顺序主动延时 20～100ms，以解决冲突问题。延时时间需要根据系统调试结果做出最优化值的选择。

3.3　数据采集终端电源管理策略

3.3.1　数据采集终端电源设计原理

在长期的工程实践中认为，设计一个硬件系统的成败关键在于电源管理做得够不够好。一般系统存在的问题大约有 70% 集中在电源管理电路上，其他问题大概有 30%。特别针对野外长期使用的数据采集终端，电源问题导致的故障率占比达 90% 以上。

　　数据采集终端由于采用线上取电、太阳能取电、干电池供电，以及锂电池充电供电，所涉及环节众多，要求电源系统可靠性高、能量稳定、供出的电压平稳且不存在冲击。这实际上要求设计者需要考虑众多环节并且设计思路需细致、稳妥。考虑系统各种工作的可能，下面提供一种电源管理系统(电路原理)供读者参考，如图 3-2 所示。

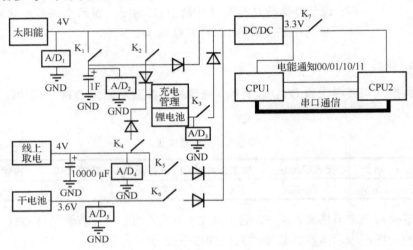

图 3-2　电源管理系统

　　由图可看出，系统由四路供电，第一路太阳能，由 K_1 闭合时，1F 超级电容提供，第二路由锂电池提供，第三路由 10kV 线上取电提供，第四路干电池供电。系统有 5 个 A/D 转换，监控每个电源的电压高低，这些 A/D 采样值由 CPU1 负责计算。5 路 A/D 值采样，每路耗电在 1～3μA，在 K_7 断开的情况下，系统耗电在 20～30μA。CPU1 负责取电策略管理。系统有 7 个电子开关，负责每一路电源切换，切换策略依据 A/D 值大小，由 CPU1 负责管理。系统还设计有 CPU2，用作系统其他数据的采集和控制，CPU2 电源供给由 K7 开关控制。CPU1 通过通用 I/O 口与 CPU2 通信，定义 4 种系统能量状态 00、01、10、11 表示系统能量状况。00 表示电量在 25% 以下，01 表示在 50% 以下，10 表示在 75% 以下，11 表示 100%。CPU2 依据电能状态控制自己是全速运行还是节能低功耗运行或进入深度睡眠状态。两个 CPU 之间通过串口通信，CPU1 完成 5 路 A/D 采样值传送到 CPU2，由 CPU2 控制通信芯片，完成数据通信上传。

取电系统中在太阳能边接一个 1F 电容，用作系统最坏情况下的自举能量来源。整个系统备用充电电池采用 6000mAh，3.7V 锂电池。在实际现场中，数据采集终端安装位置不能确定，一般要求在无遮挡物地方安装。系统有几种可能的取电状态，一种是太阳能间歇性取电；另一种是线上可能取到电也可能取不到；最坏情况下太阳能和线上均取不到电，干电池先提供一定电能，最后消耗完毕。电源管理系统要解决的目标就是以最短时间，让系统取到电能工作起来，进行一定管理工作。极端情况是，系统常年工作后，遇到连续阴雨天，导致锂电池和干电池能量都消耗完，同时线路上也取不到电。这时，只有太阳能可以利用。此系统，在这种最坏情况下，需快速充电引导系统工作，有两个能量黑洞要规避。一个是 1F 电容，在太阳能 4V，20～50mA 充电下需要 13min 左右，基本可以接受。而锂电池在恢复到可以工作的状态，需要太阳能 4V，20～50mA 充电 36h 左右。K_1 设置的主要目的就是在最坏的情况下，先让 1F 充满，由超级电容给系统供电，引导系统工作后，断开 K_1，闭合 K_2，给锂电池充电，以避免输入端一直被拉低，系统无法启动工作。

综合考虑现实中各种可能的情况，一开始我们让 K_1、K_5、K_6 闭合，K_2、K_3、K_4、K_7 断开。这样只要有一路电源能正常工作，就可以让系统 CPU1 工作。CPU1 工作后，首先处于低功耗状态，先测量 A/D_3 的值。若 A/D_3 的值低于 3.0V，就认为系统能量处于不足状态，需要合上 K_2、K_4 充电。若 A/D_3 的值低于 3.0V，测 A/D_1 值判断是否能量充足；若充足，再判断 A/D_2 值；若 A/D_2 充足，则断开 K_1，闭合 K_2，形成对锂电池间歇式充电；若 A/D_1 不足，一直断开 K_2、K_3、K_4。CPU_1 测量 A/D_4 和 A/D_5 值，同时闭合 K_7，启动 CPU2。CPU2 测量线路是否有电流和电场，通过串口告诉 CPU1。若线路无电，则断开 K_7，延时一定时间再闭合 K_7 判断系统是否有电。

开始工作时，K_1、K_5、K_6 闭合，K_2、K_3、K_4、K_7 断开。这样设置是主要考虑到如果锂电池没有电，在所有开关都闭合时，系统充电时会形成一个黑洞，所有能量会全被锂电池吸走，让输入电压被拉低，致使系统长时间无法工作。所以，为了让系统先被引导起来工作，需要 CPU1 对这些开关进行合理管理。系统能量状况根据 A/D_1 到 A/D_5 采集到的状态值判断，通过 CPU1 传给 CPU2 的能量状态信息，以决定整个系统是工作在全速状况还是节能状况。

3.3.2 控制流程图

综合考虑各方面因素,可以将 CPU1 管理电源系统的程序设置为图 3-3 所示。

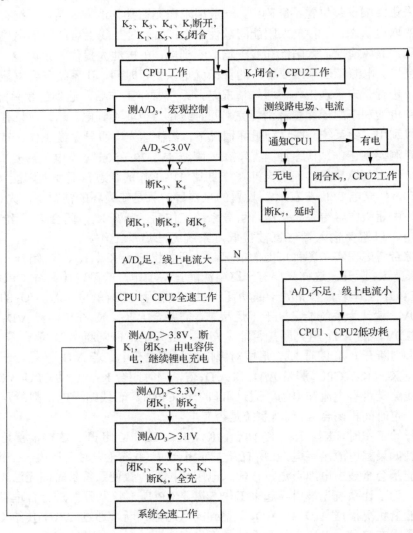

图 3-3 电源管理策略

CPU2 通过串口给 CPU1 报告线路上对地电场和线路电流值大小，当电场为零电流为零时判断是否停电，CPU1 由此进入不同电源管理方式。CPU1 根据自己对各路电源探知情况，告知 CPU2 能量状况。00、01、10、11 表示不同能量状态，11 表示最高能量，00 表示最低。CPU2 以此能量状态进入不同工作状态和节能状态。

3.4 STM32L471RET6 与 FreeRTOS 操作系统

3.4.1 STM32L471RET6 ARM

本款 ARM 采用 LQFP 64 10×10×1.4mm 封装，即薄形四侧引脚扁平封装，意法半导体公司生产的超低功耗 MCU。具备以下几个核心特点。

(1) 智能电源管理系统超低功耗功能。最低功耗达 30nA，最新产品低功耗可达 4nA。

(2) 32 位 M4 内核，具备浮点运算单元。自适应实时加速功能，从 FLASH 读取数据后，允许 0 等待执行功能。具备 DSP 指令运行功能，允许最高 80MHz 频率运行。

(3) 丰富时钟源。外部 4～48MHz 晶振，32kHz RTC 晶振，内置 16MHz 出厂校准 RC 时钟和其他内置时钟。

(4) 具备丰富的外设资源，如 I/O 口达 114 个，16 个计数器，4 路 Σ-Δ 型数字滤波调制器，14 通道 DMA 控制器，3 个 12 位 A/D 转换，2 个 12 位 D/A 转换。

(5) 其他如内存配备和 CRC 校验等功能都具有独特特点。

本款芯片具体内容请参考其 DATASHEET 部分。

3.4.2 FreeRTOS 操作系统简介

FreeRTOS 是一款实时操作系统，支持多任务处理调度，目前在 STM 系列 ARM 中应用较多，由于免费，目前市场占有率第一。该系统小巧，适合多款 MCU 使用，且具有以下几个主要特点。

(1) 支持抢占式、合作式、时间片调度任务切换。

(2) 支持低功耗 TICKLESS 模式。

(3) 任务个数、任务优先级数目不限。

(4) C 语言编写，占用内存很小，移植性强。

(5) 具备堆栈溢出检测和跟踪执行功能。

FreeRTOS 具体内容请参考 http://www.freertos.org 网站，上面有源码和学习资料。

小　结

本章介绍了数据采集终端工作原理、工作模式和通信协议以及电源管理策略。学习本章后需要掌握通信协议的编写原理和设计方法，为设计物联网工程中的通信协议打下基础。数据采集终端的电源管理策略中设计了两个 CPU，其中 CPU1 实现电源管理，CPU2 实现线路对地电场和电流数据采集及故障判断，并提供通信功能。系统可以根据线路能量状况，自动调整进入不同工作模式，为系统节能和提高可靠性做好管理工作。通过此案例，读者可以拓展电源管理设计思路。

思　考

1. 通信协议设计时需要哪些关键字段？
2. 帧头、帧长、校验值、帧尾、原地址、目的地址有什么作用？
3. 简述数据采集终端的基本构成原理。
4. 谈谈数据采集终端电源管理策略以及电源管理结构框图原理。

第 *4* 章　数据汇集单元与通信协议

　　本章重点介绍数据汇集单元工作原理和 101/104 通信协议。通过学习本章，读者可以掌握物联网工程中通信协议的制定过程与程序编写方法。通信协议是通信双方约定的通信报文格式，包含帧头、帧长、帧内容、校验和、帧尾等关键内容。读者在涉及物联网工程通信协议制定时，需要重点考虑这几个方面的内容。在通信协议定义完毕后，通信双方还要有相应协议解析软件，将通信内容解析入库。

研究目标

　　掌握数据汇集单元的构成与基本工作原理；
　　掌握 104 协议定义格式及其编写方法；
　　掌握 101 协议国家电网定义格式。

理论要求

知识要点	读者要求	相关知识
数据汇集单元	(1) 数据汇集单元工作原理 (2) 数据汇集单元与后台协议定义、编写、解析	工业 104 协议定义
101 协议	(1) 101 协议帧格式与内容 (2) 101 协议编写与解析	工业 101 协议定义

推荐阅读资料

1. 中国南方电网继电保护故障信息系统通信与接口规范(第一版),中国南方电网有限责任公司,2005 年 3 月.

2. https://wenku.baidu.com/view/52848c3043323968011c9276.html?from=rec&pos=2. (2020,3,16)

3. 北京电网继电保护及故障信息系统主-子站通信规范,北京电力公司调度(交易)中心,2006 年 3 月.

4. 北京电力公司配网 101、104 通信规约实施细则.2005,4,10.

(注:本书中通信协议等价为通信规约,视实际使用情况而定。书本中一般比较正式称为通信协议,现场一般称为通信规约。)

4.1 数据汇集单元工作原理

4.1.1 数据汇集单元工作原理概述

数据汇集单元的主要功能是接收和汇集数据采集终端数据,转发上传到服务器上。通过服务器设置采集终端参数的命令,通过数据汇集单元转发到采集终端上。数据汇集单元也具有对地电场判断功能。

在设计数据汇集单元(DTU)电路时,最关键的要考虑静电的防护和泄放问题。静电来源有 10kV 电力线路电场作用,大风中空气摩擦天线作用。数据汇集单元原理图如图 4-1 所示。

1. 软件模块

(1) 程序架构。

要求事件管理具有优先级,根据系统可能遇到的现场问题的重要性事先决定好优先级顺序。

(2) 具备 2G/3G/4G 联网通信和 104 协议数据传输模块。在手机模块断网后,能够根据设定时间自动联网。

(3) 具备短信息发送模块,完成故障短信发送。此功能现在可以采用信息服务商提供的 API 函数实现,转发故障和停电信息。

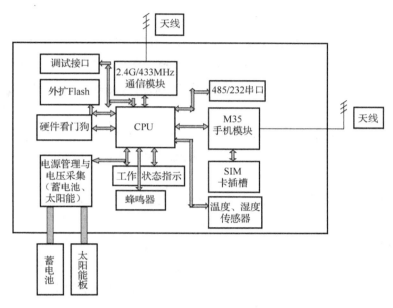

图 4-1 数据汇集单元原理图

(4) 433MHz/2.4G 数据通信模块，完成与数据采集终端射频通信功能。

(5) 电源管理软件模块。完成电源充电管理和激活管理，根据电量多少实施不同通信频率措施，最大程度节能和延长通信时间。

(6) 具备 232 串口调试和协议调试接口模块。

(7) 温度采集、湿度采集、蓄电池电压、太阳能电压采集模块。

(8) 工作状态指示灯、蜂鸣器声音提示模块。

2. 太阳能板、蓄电池指标

采用单晶硅 24V/20W 大功率太阳板取电，利用 BQ24650 芯片实施充电管理。采用 12Ah 磷酸铁锂电池蓄能，系统能量管理系统管理数据通信频率，调节通信速度，满足 30 天阴雨天功耗要求。

3. 主要模块功能

(1) 电源管理。

电源管理模块提供系统能量来源，管理太阳能板向蓄电池充电，防止蓄电池过冲和过放而被损坏。

能量管理系统要求在蓄电池损坏时，太阳能板可以直接供电给系统工作。太阳能板和电池电源具备同时提供能量，系统具有自动切换到电能充足的电源作为系统能量来源的功能。手机模块定时切断电源系统重新充电，防止系统死机。

太阳能电压、蓄电池电压通过 A/D 转换，将采样值上报到服务器。

电源接口要具备防静电功能，太阳能输入接口要具有防感应雷击功能。

(2) 硬件看门狗。

系统具备硬件看门狗功能，防止单片机死机，复位重启系统。

(3) 外扩 Flash。

保存系统需要的各种参数，这些参数可以根据现场需求调整。保存历史数据记录，当一次通信失败后，系统可以重发历史数据。数据汇集单元联网的 IP 地址和端口号是变化的，这个需要设置和保存。设置的方法是用另一个手机发短信给这个 DTU。DTU 收到短信后，提取 IP 地址和端口号，作为联网的新目的地址，同时保存所设置的参数，系统重启而不丢失。在服务器端通过监控程序也可以批量设置 IP 地址和端口号。

要保存的可变的系统参数还包括：心跳包通信的间隔时长，支路数(可以固定为 3 路)，手机号码，DTU 编号，终端采样间隔，终端复位时间。这些参数既可以通过短信设置，还可以通过后台设置。参数设置完毕后，系统按新的参数运行，同时参数被保存起来。

数据汇集单元中的手机通信模块，其手机号码长度一定要按照国际标准写。由于各个国家手机号码长度不一样，变量长度要留有余量。

4. 手机模块死机解决

手机模块系统如果死机，监督 CPU 可以断电，重启整个系统，重新连服务器。

5. 其他问题

数据汇集单元外壳材料选择要能够抵御高盐分腐蚀，密封防水达到 IP54

以上。GPRS、433MHz 天线固定要能抵御 6 级以上风力。外壳接地，具备静电泄放通道。

4.1.2　数据汇集单元部分电路简介

1. 主机板电路

数据汇集单元主机板电路如图 4-2 所示。

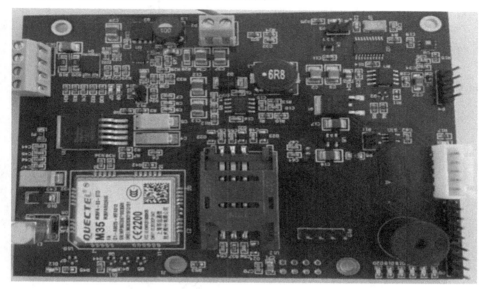

图 4-2　数据汇集单元主机板电路

2. 太阳能充电电路原理

图 4-3 所示是数据汇集单元充电电路图(太阳能充电管理系统)，采用 BQ24650RVAT 芯片完成最佳功率跟踪充电功能。当电池电压低于太阳能板电压时，系统用太阳能电压工作；当电池电压高于太阳能板电压时，采用电池电压供电工作。

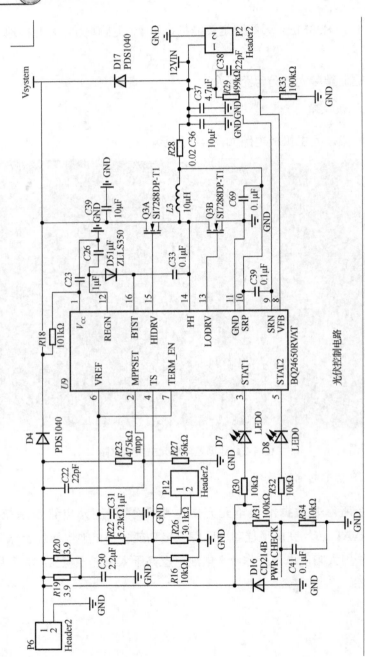

光伏控制电路

图 4-3 数据汇集单元充电电路图

4.2 数据汇集单元与后台通信协议

4.2.1 基本地址约定

数据汇集单元(DTU)与服务器之间采用 104 协议进行通信。DTU 实际上就是一个数据接收转发设备；它接收数据采集终端数据，汇集后再转发给后台；它接收后台数据，转发给数据采集终端。

国家电网 104 协议信息体地址范围要求如下。

遥信：开关量，1~1000H。

遥测：4001H~5000H。

遥控：6001H~6200H，6031~620fH 备用。

参数设定：5001~6000H。

4.2.2 通信协议

数据汇集单元与服务器之间具体通信协议格式遵循 104 协议定义规范。

1. 建立 TCP 链接

在主站的应用层与终端的应用层之间能够进行端到端的交互之前，首先必须在它们之间建立 TCP 链接。本协议执行细则规定终端是客户端(本处即 DTU)，也就是 TCP 链接的发起方；主站则是服务器，也就是 TCP 链接的监听方。每个 TCP 地址由一个 IP 地址和一个端口号组成。DL/T 634.5104—2009 应用监听的 TCP 端口号已经被唯一地规定为 2404，在实际中也可以用其他端口实现。

对于已经建立的 TCP 链接，如果发生断开，为了继续通信，必须重新建立 TCP 链接。终端一般总是启动循环尝试链接。如果试探链接 5 分钟后仍然不能联网，则停止循环尝试；在等待 10 分钟后，再启动链接过程。重启系统和重启手机模块可能会解决联网中出现的一些问题。

2. 启动过程

(1) 由终端发起 TCP 链接请求给主站。

(2) 主站接受请求，建立 SOCKET 链路。

(3) 终端监测到链路建立成功，发送终端地址信息帧(自定义帧)。

终端地址信息帧格式见表 4-1，终端主动向主站发起链接请求。

注意：20、21 两个字节为 DTU 地址，DTU 地址范围为 0000～FFFFH。

(4) 主站解析终端地址信息帧，进行有效性核对，如果终端信息非法，直接断开 SOCKET 链路。

如果过了 3 分钟仍然没有收到地址信息帧，则断开 SOCKET 链路。收到信息后则清除计时。

(5) 终端信息合法，主站(服务器)发送 STARTDT 激活帧，终端发送 STARTDT 确定帧，链路启动过程结束。

主站发送 STARTDT 激活帧内容：68 04 07 00 00 00。发送激活帧后计时超过 3 分钟，未收到回复帧，则断开链接。

终端发送 STARTDT 确定帧：68 04 0B 00 00 00。

主站收到确认帧，则定时器清零。

表 4-1　终端地址信息帧

字节序号	字节值	说明	
1	68	启动字符 68H	
2	13	APDU 长度(最大, 253)	
3	00	发送序列号(*2)低字节	
4	00	发送序列号(*2)高字节	
5	00	接收序列号(*2)低字节	
6	00	接收序列号(*2)高字节	
7	B4	类型标识(TYP)(1 字节)	
8	01	可变结构限定词(VSQ)(1 字节)	
9、10	0300	传送原因(COT)(2 字节)	
11、12	0000	应用服务数据单元公共地址(ASDU 地址)(2 字节)	
13、14、15	000000	信息对象地址=0(3 字节)	
16	EB	信息特征字	
17	90	信息特征字	
18	EB	信息特征字	
19	90	信息特征字	
20	01	终端地址低字节	如果 DTU 编号为 0001 则这两字节为 0100
21	00	终端地址高字节	

3. 测试过程

测试过程采用终端主动上传心跳包的形式完成。终端在联网后每 5 分钟发送一个心跳包，如果主站间隔 5 分钟还没有收到心跳包，说明意外断线，则应主动释放当前链接。

终端每 5 分钟主动上传数据一次，发送心跳包格式见表 4-2。

表 4-2　终端主动上发心跳包格式

字节序号	字节值	说明
1	68H	帧头
2	22H	数据部分长度
3	N(S)_LSB	发送序列号(*2)低字节
4	N(S)_MSB	发送序列号(*2)高字节
5	N(R)_LSB	接收序列号(*2)低字节
6	N(R)_MSB	接收序列号(*2)高字节
7	09H	测量值，归一化数据
8	04H	4 个信息
9、10	0300H	自发
11、12	DTU_BH	用两个十六进制码表示 DTU 编号，低位在前，如 0090H 号 DTU 在此表示为 9000H
13、14、15	414000H	第 1 个信息体地址从 004041 开始
16、17	V_TYN	DTU 太阳能电压(低位在前，17 字节最高位为符号位，该值除以 7FFFH 乘以 666H 即为电压值)(系数 0.05，可能会变化)
18	00	QDS 品质描述词
19、20、21	424000H	第 2 个信息体地址从 004042 开始
22、23	V_DC	DTU 蓄电池电压(低位在前，22 字节最高位为符号位，该值除以 7FFFH 乘以 666H 即为电压值)(系数 0.05，可能会变化)
24	00	QDS 品质描述词
25、26、27	434000H	第 3 个信息体地址从 004043 开始
28、29	WD	DTU 内温度
30	00	QDS 品质描述词

续表

字节序号	字节值	说明
31、32、33	444000H	第 3 个信息体地址从 004044 开始
34、35	SD	DTU 内湿度
36	00	QDS 品质描述词

注：采用心跳包这种方式维护在线测试，在许多数量终端在线的情况下是很有意义的。请读者按表 4-2 解析如下心跳包帧内容：

68 22 00 00 00 00 09 04 03 00 02 00 41 40 00 00 00 00 42 40 00 7C 00 00 43 40 00 10 00 00 44 40 00 28 00 00。

心跳包这个帧的优先级是最低的，当有数据或故障上传时，心跳包传送可以被打断。

5 分钟内主站收不到心跳包，主站发 68 04 43 00 00 00 测试帧到 DTU。若网络链接正常，DTU 则回复：68 04 83 00 00 00 测试确认帧。故终端 DTU 可以考虑 5 分钟内没有收到服务器任何数据，就要启动联网过程。

4. 时钟同步过程

(1) 由主站启动时钟同步过程，发送 C_CS_NA_1 帧(传送原因=6)。

(2) 终端回 C_CS_NA_1 帧，确认时钟同步命令(传送原因=7)。

(3) 时钟同步要求周期性进行，建议每 15 分钟一个周期。

主站发时钟同步帧格式见表 4-3。

表 4-3　时钟同步帧格式

字节序号	字节值	说明
1	68H	帧头
2	14H	数据部分长度
3	N(S)_LSB	发送序列号(*2)低字节
4	N(S)_MSB	发送序列号(*2)高字节
5	N(R)_LSB	接收序列号(*2)低字节
6	N(R)_MSB	接收序列号(*2)高字节
7	67H	时钟同步
8	01H	1 组校时
9、10	0600H	同步激活

续表

字节序号	字节值	说明
11、12	DTU_BH	用两个十六进制码表示 DTU 编号，低位在前，如 0090H 号 DTU 在此表示为 9000H
13、14、15	000000H	信息体地址从 000000 开始
16~22	时标	当前服务器从计算机取得的正确时间

终端收到同步帧后，修改自己的时间，然后返回确认时钟同步帧，其格式见表 4-4。

表 4-4　时钟同步确认帧格式

字节序号	字节值	说明
1	68H	帧头
2	14H	数据部分长度
3	N(S)_LSB	发送序列号(*2)低字节
4	N(S)_MSB	发送序列号(*2)高字节
5	N(R)_LSB	接收序列号(*2)低字节
6	N(R)_MSB	接收序列号(*2)高字节
7	67H	时钟同步
8	01H	1 组校时
9、10	0700H	激活确认
11、12	DTU_BH	用两个十六进制码表示 DTU 编号，低位在前，如 0090H 号 DTU 在此表示为 9000H
13、14、15	000000H	信息体地址从 000000 开始
16~22	时标	终端时间

5. 终端遥信传输过程

(1) 遥信变位(含故障发送、短路和接地两种)，要求以 M_SP_NA_1 立即发送变位，以 M_SP_TB_1 组帧发送 SOE。

先发遥信变位帧，见表 4-5。

(2) 终端继续发 SOE 帧，发送遥信变位 SOE 帧格式见表 4-6。(短路、接地故障统一，只是地址不同)

表 4-5　终端遥信变位帧

字节序号	字节值	说明
1	68H	帧头
2	XXH	数据部分长度(可变)
3	N(S)_LSB	发送序列号(*2)低字节
4	N(S)_MSB	发送序列号(*2)高字节
5	N(R)_LSB	接收序列号(*2)低字节
6	N(R)_MSB	接收序列号(*2)高字节
7	01H	类型标识(单点遥信无时标)
8	0nH	n 个信息(本例为 n=1)
9、10	0300H	突发
11、12	DTU_BH	用两个十六进制码表示 DTU 编号,低位在前,如 0090H 号 DTU 在此表示为 9000H
13、14、15	010000H	信息体地址从 000001 开始
16	GZZJ-A	A 相短路标志字节,01 表示故障,00 表示无故障
		每个信息包括地址(3 字节)和值(1 字节),无时标

表 4-6　SOE 帧格式

字节序号	字节值	说明
1	68H	帧头
2	XXH	数据部分长度(可变)
3	N(S)_LSB	发送序列号(*2)低字节
4	N(S)_MSB	发送序列号(*2)高字节
5	N(R)_LSB	接收序列号(*2)低字节
6	N(R)_MSB	接收序列号(*2)高字节
7	1EH	类型标识(TYP)
8	0nH	n 个信息
9、10	0300H	突发
11、12	DTU_BH	用两个十六进制码表示 DTU 编号,低位在前,如 0090H 号 DTU 在此表示为 9000H
13、14、15	010000H	信息体地址从 000001 开始

字节序号	字节值	说明
16	GZZJ-A	A 相短路标志字节，01 表示故障，00 表示无故障
17～23	时标	故障时间
24、25、26	020000H	信息体地址从 000002 开始
27	GZZJ-B	B 相短路标志字节，01 表示故障，00 表示无故障
28～34	时标	故障时间
35、36、37	030000H	信息体地址从 000003 开始
38	GZZJ-C	C 相短路标志字节，01 表示故障，00 表示无故障
39～45	时标	故障时间

类似地，接地故障，发送遥信变位 SOE，帧格式略。(接地故障分别为 A 相 11、B 相 12、C 相 13。接地故障发生时，也是要先发遥信变位帧，然后再发 SOE 帧)

从故障变到正常时，也同样发遥信变位信息帧和 SOE 帧，只是帧的内容要改变一下。

注意：数据采集终端内部电压低也作为遥信量上传，读者可以根据以上内容定义帧格式。类型标识 30(1EH)：M_SP_TB_1，用于传输变位时的 SOE。

(3) 服务器收到后返回确认 S 帧，帧格式见表 4-7。

表 4-7　SOE 帧之确认帧格式

字节序号	字节值	含义
1	68H	帧头
2	04H	数据长度
3、4	0100H	固定值
5、6	N(R)	流控(服务器收到帧的个数*2)

例如：68 04 01 00 00 00。

6. 终端遥测

(1) 正常情况下，要求每 5 分钟(注：这个时间可以调整)，终端主动以 ASDU9 或 ASDU13 格式组帧发送遥测数据。终端根据短信或遥控帧设定的传送间隔，定期以归一化 ASDU9 发送测量信息，分别发送 A 相电流、B 相电流、

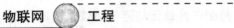

C 相电流、温度和线路高压有无、对地电场、线路电容电流、指示器内部电压。
终端发送遥测帧格式见表 4-8。

表 4-8 遥测帧格式

字节序号	字节值	说明
1	68H	帧头
2	XXH	数据部分长度
3	N(S)_LSB	发送序列号低位(*2)低字节
4	N(S)_MSB	发送序列号高位(*2)高字节
5	N(R)_LSB	接收序列号低位(*2)低字节
6	N(R)_MSB	接收序列号高位(*2)高字节
7	09H	测量值，归一化数据
8	0fH	15 个信息(A 相电流、温度、对地电场、线路电容电流、指示器电压；B 相电流、温度、对地电场、线路电容电流、指示器电压；C 相电流、温度、对地电场、线路电容电流、指示器电压)
9、10	0300H	自发
11、12	DTU_BH	用两个十六进制码表示 DTU 编号，低位在前，如 0090H 号 DTU 在此表示为 9000H
13、14、15	014000H	第 1 个信息体地址从 004001 开始
16、17	A_I	A 相电流(低位在前，17 字节最高位为符号位，该值除以 7FFFH 乘以 CCCH 即为电流值)(电流的 10 倍，系数 0.1)
18	00	品质描述词
19、20、21	024000H	第 2 个信息体地址从 004002 开始
22、23	A_T	A 相温度(低位在前，23 字节最高位为符号位)
24	00	品质描述词
25、26、27	034000H	第 3 个信息体地址从 004003 开始
28、29	A_V	A 相检测对地电场(低位在前，29 字节最高位为符号位，该值除以 7FFFH 乘以 CCCH 即为电场值)
30	00	品质描述词
31、32、33	044000H	第 4 个信息体地址从 004004 开始
34、35	A_C_I	A 相检测对地放电电容电流(低位在前，35 字节最高位为符号位，该值除以 7FFFH 乘以 CCCH 即为电容电流值)

字节序号	字节值	说明
36	00	品质描述词
37、38、39	054000	第 5 个信息体地址从 004005 开始
40、41	A_FPI_V	A 相指示器电压(低位在前，41 字节最高位为符号位，该值除以 7FFFH 乘以 CCCH 即为电压值)
42	00	品质描述词
43、44、45	064000	第 6 个信息体地址从 004006 开始
46、47	B_I	B 相电流(低位在前，47 字节最高位为符号位，该值除以 7FFFH 乘以 CCCH 即为电流值)
48	00	品质描述词
49、50、51	074000H	第 7 个信息体地址从 004007 开始
52、53	B_T	B 相温度(低位在前，53 字节最高位为符号位)
54	00	品质描述词
55、56、57	084000H	第 8 个信息体地址从 004008 开始
58、59	B_V	B 相检测对地电场(低位在前，59 字节最高位为符号位，该值除以 7FFFH 乘以 CCCH 即为电场值)
60	00	品质描述词
61、62、63	094000H	第 9 个信息体地址从 004009 开始
64、65	B_C_I	B 相检测对地放电电容电流(低位在前，65 字节最高位为符号位，该值除以 7FFFH 乘以 CCCH 即为电容电流值)
66	00	品质描述词
67、68、69	0A4000	第 10 个信息体地址从 00400a 开始
70、71	B_FPI_V	B 相指示器电压(低位在前，71 字节最高位为符号位，该值除以 7FFFH 乘以 CCCH 即为电压值)
72	00	品质描述词
73、74、75	0b4000	第 11 个信息体地址从 00400b 开始
76、77	C_I	C 相电流(低位在前，77 字节最高位为符号位，该值除以 7FFFH 乘以 CCCH 即为电流值)
78	00	品质描述词
79、80、81	0c4000H	第 12 个信息体地址从 00400c 开始
82、83	C_T	C 相温度(低位在前，83 字节最高位为符号位)
84	00	品质描述词

续表

字节序号	字节值	说明
85、86、87	0d4000H	第 13 个信息体地址从 00400d 开始
88、89	C_V	C 相检测对地电场(低位在前,89 字节最高位为符号位,该值除以 7FFFH 乘以 CCCH 即为电场值)
90	00	品质描述词
91、92、93	0e4000H	第 14 个信息体地址从 00400e 开始
94、95	C_C_I	C 相检测对地放电电容电流(低位在前,95 字节最高位为符号位,该值除以 7FFFH 乘以 CCCH 即为电容电流值)
96	00	品质描述词
97、98、99	0f4000	第 15 个信息体地址从 00400f 开始
100、101	C_FPI_V	C 相指示器电压(低位在前,41 字节最高位为符号位,该值除以 7FFFH 乘以 CCCH 即为电压值)
102	00	品质描述词

(2) 服务器收到遥测帧后返回确认 S 帧,帧格式见表 4-9。

表 4-9　S 帧格式

字节序号	字节值	含义
1	68H	帧头
2	04H	数据长度
3、4	0100H	固定值
5、6	NR	流控

7. 总召功能

(1) 服务器发总召帧,格式见表 4-10。

表 4-10　总召帧格式

字节序号	字节值	说明
1	68H	帧头
2	0EH	数据部分长度
3	N(S)_LSB	发送序列号(*2) 低字节
4	N(S)_MSB	发送序列号(*2) 高字节

续表

字节序号	字节值	说明
5	N(R)_LSB	接收序列号(*2) 低字节
6	N(R)_MSB	接收序列号(*2) 高字节
7	64H	类型标识(总召)
8	01H	1 个信息
9、10	0600H	总召启动
11、12	DTU_BH	用两个十六进制码表示 DTU 编号，低位在前，如 0090H 号 DTU 在此表示为 9000H
13、14、15	010000H	信息体地址从 000001 开始
16	14H	召唤限定词

例如：68 0E 00 00 00 00 64 01 06 00 2F 00 00 00 00 14。

(2) DTU 收到总召后，回复总召确认帧，见表 4-11。

表 4-11 总召确认帧

字节序号	字节值	说明
1	68H	帧头
2	0EH	数据部分长度
3	N(S)_LSB	发送序列号(*2) 低字节
4	N(S)_MSB	发送序列号(*2) 高字节
5	N(R)_LSB	接收序列号(*2) 低字节
6	N(R)_MSB	接收序列号(*2) 高字节
7	64H	类型标识(总召)
8	01H	1 个信息
9、10	0700H	总召回复
11、12	DTU_BH	用两个十六进制码表示 DTU 编号，低位在前，如 0090H 号 DTU 在此表示为 9000H
13、14、15	000000H	信息体地址从 000001 开始
16	14H	召唤限定词

在帧之间有一定延时后，接着发遥信帧，见表 4-12。

表 4-12　遥信帧格式

字节序号	字节值	说明
1	68H	帧头
2	22H	数据部分长度
3	N(S)_LSB	发送序列号(*2) 低字节
4	N(S)_MSB	发送序列号(*2) 高字节
5	N(R)_LSB	接收序列号(*2) 低字节
6	N(R)_MSB	接收序列号(*2) 高字节
7	01H	类型标识(单点遥信，不带时标)
8	06H	6 个遥信信息
9、10	1400H	总召回复
11、12	DTU_BH	用两个十六进制码表示 DTU 编号，低位在前，如 0090H 号 DTU 在此表示为 9000H
13、14、15	010000H	信息体地址从 000001 开始(A 相短路状态 01，B 相 02，C 相 03) (A 相接地状态 11，B 相 12，C 相 13)
16	00H	遥信值(00 无故障，01 有故障。)

注意： 帧之间要有一定延时。接着发遥测帧，帧格式见前面。遥测发完后，回复总召结束帧，见表 4-13。

表 4-13　总召结束帧

字节序号	字节值	说明
1	68H	帧头
2	0EH	数据部分长度
3	N(S)_LSB	发送序列号(*2) 低字节
4	N(S)_MSB	发送序列号(*2) 高字节
5	N(R)_LSB	接收序列号(*2) 低字节
6	N(R)_MSB	接收序列号(*2) 高字节
7	64H	类型标识(总召)
8	01H	1 个信息

字节序号	字节值	说明
9、10	0A00H	总召结束
11、12	DTU_BH	用两个十六进制码表示 DTU 编号，低位在前，如 0090H 号 DTU 在此表示为 9000H
13、14、15	010000H	信息体地址从 000001 开始
16	14H	召唤限定词

(3) 总召结束后，服务器回复一个 S 帧，格式见表 4-14。

表 4-14　S 帧格式

字节序号	字节值	含义
1	68H	帧头
2	04H	数据长度
3、4	0100H	固定值
5、6	NR	流控

例如：68 04 01 00 00 00。

8. 测试帧

服务器向 DTU 发测试帧，从而确定 DTU 联网情况，DTU 5 分钟内没有给主站发送信息，则主站要发 S 帧确认。

测试帧格式见表 4-15。

表 4-15　测试帧格式

字节序号	字节值	含义
1	68H	帧头
2	04H	数据长度
3、4	4300H	固定值
5、6	0000H	固定值

例如：68 04 43 00 00 00。

DTU 收到以上命令帧后，返回确认帧，格式见表 4-16。

表 4-16 测试帧之确认帧格式

字节序号	字节值	含义
1	68H	帧头
2	04H	数据长度
3、4	8300H	固定值
5、6	0000H	固定值

9. 事件顺序记录

事件顺序记录(Sequence Of Event，SOE)，用来记录故障发生的时间和事件的类型。例如，某开关××时××分××秒××毫秒发生什么类型的故障。在系统中记录的事件顺序，在故障反演算法中很重要，可以依据 SOE，推演复杂故障报警情况下的事故源头。

10. 参数设置帧

类型 110，参数设定地址范围 5001～6000H，见表 4-17。

表 4-17 参数设定地址表

5207H	心跳包时间(min)	心跳包时间(min)
5208H	DTU 通信周期(min)	DTU 通信周期(min)
5253H	短路电流门限(定值法)	短路电流门限(定值法)
5254H	短路电流门限(突变法)	短路电流门限(突变法)
5263H	数据采集终端通信间隔	数据采集终端通信间隔
5264H	数据采集终端复位时间	数据采集终端复位时间
5265H	对地电容放电门限	对地电容放电门限
5266H	对地电场报警门限	对地电场报警门限
5267H	数据采集终端复位/翻牌	00
5268H	备用	备用
…	备用	备用
53FFH	备用	备用
5400H	备用	备用

(1) 主站发送参数设置帧，帧格式见表 4-18。

表 4-18 参数设置帧

字节序号	字节值	说明
1	68H	帧头
2	XXH	数据部分长度(可变)
3	N(S)_LSB	发送序列号(*2)低位
4	N(S)_MSB	发送序列号(*2)高位
5	N(R)_LSB	接收序列号(*2)低位
6	N(R)_MSB	接收序列号(*2)高位
7	6EH	类型标识(TYP)，参数设置
8	0nH	*n* 个信息
9、10	0300H	自发
11、12	DTU_BH	用两个十六进制码表示 DTU 编号，低位在前，如 0090H 号 DTU 在此表示为 9000H
13、14、15	075200H	信息体地址从 005207 开始
16、17	H_B	心跳包时间(min)
18	00	品质描述词
19、20、21	085200H	
22、23	DtuTime	DTU 通信间隔(min)，自发测量帧时间间隔
24	00	品质描述词
25、26、27	535200H	
28、29	I0	数据采集终端短路电流门限(定值法)
30	00	品质描述词
31、32、33	545200H	
34、35	ΔI	数据采集终端短路电流门限(突变量法)
36	00	品质描述词
37、38、39	635200H	
40、41	Fpi_time	数据采集终端通信间隔
42	00	品质描述词
43、44、45	645200H	
46、47	Fpi_ret_time	数据采集终端复位时间(h)

续表

字节序号	字节值	说明
48	00	品质描述词
49、50、51	655200H	
52、53	Fpi_CI	对地电容放电门限
54	00	品质描述词
55、56、57	665200H	
58、59	Fpi_Cv	对地电场报警门限
60	00	品质描述词
61、62、63	675200H	
64、65	Fpi_ret	Fd 00 数据采集终端复位/FC 00 翻牌
66	00	品质描述词

(2) DTU 收到后回复 S 帧确认, 格式见表 4-19。

表 4-19　S 帧确认格式

字节序号	字节值	含义
1	68H	帧头
2	04H	数据长度
3、4	0100H	固定值
5、6	NR	流控

如此交互后, 参数设置完毕。注意: 一个 DTU 收到参数设置命令后, 要对所链接的全部数据采集终端设置参数。

4.3　国家电网公司 101 规约简介

国家电网公司 101 规约(以下简称 101 规约)只限定了主体帧格式形式, 不同公司的具体帧内容有很大差别, 这给现场调试和协议对接带来一定不便。长远来看, 通信协议需要统一起来。为了让读者更全面地了解协议内容, 本部分内容在参考国家电网公司相关标准的基础上, 做了些改进和调整。

4.3.1 101 规约固定帧格式

101 规约固定帧长格式见表 4-20。

表 4-20 固定帧长格式

启动字符(10H)
链路控制域(C)
链路地址域(A)
帧校验和(CS)
结束字符(16H)

帧校验和 CS 为链路控制域与链路地址域的八位位组算术和，不考虑进位位。

4.3.2 101 规约可变帧长格式

101 规约可变帧长格式见表 4-21。

表 4-21 可变帧长结构

起始字符(68H)	↑	
长度 L	固定长度	
长度 L	的报文头	
起始字符(68H)	↓	
控制域 C	控制域	
地址域 A	地址域	用户
用户数据	(应用层)	数据区
校验和 CS	帧校验和	
结束字符(16H)		

长度 L 为用户数据区字节个数，帧校验和 CS 为用户数据区的字节算术和，不考虑进位位。

4.3.3 链路控制域的定义

控制域定义见表 4-22。

表 4-22 控制域定义

D7	D6	D5	D4	D3～D0
传输方向位 DIR	启动标志位 PRM	帧计数位 FCB	帧计数有效位 FCV	功能码
		要求访问位 ACD	保留	

注：DIR 位仅用于平衡方式；非平衡传输方式下，DIR 位为保留位，置 0。

> DIR=0：表示此帧报文是由主站发出的下行报文。
> DIR=1：表示此帧报文是由终端发出的上行报文。
> PRM=1：表示此帧报文来自启动站。
> PRM=0：表示此帧报文来自从动站。

1. 帧计数位 FCB

当帧计数有效位 FCV=1 时，FCB 表示每个站连续的发送/确认或者请求/响应服务的变化位。FCB 位用来防止信息传输的丢失和重复。

启动站向同一从动站传输新的发送/确认或请求/响应传输服务时，将 FCB 取相反值。启动站保存每一个从动站 FCB 值，若超时未收到从动站的报文，或接收出现差错，则启动站不改变 FCB 的状态，重复原来的发送/确认或者请求/响应服务。

复位命令中的 FCB=0，从动站接收复位命令后将 FCB 置"0"。

2. ACD

请求访问 ACD 位用于上行响应报文中。

ACD=1 表示终端有 1 级数据等待访问，ACD=0 表示终端无 1 级数据等待访问。

ACD 置"1"和置"0"规则：

自上次收到报文后发生新的重要事件，ACD 位置"1"；收到主站请求事件报文并执行后，ACD 位置 "0"。

3. 帧计数有效位 FCV

FCV=1：表示 FCB 位有效。
FCV=0：表示 FCB 位无效。

4. 功能码定义

(1) 非平衡链路层服务的功能码组合，见表 4-23。

表 4-23　非平衡链路层服务的功能码组合

主站	子站
<0>复位远方链路	<0>认可 <1>否定认可
<1>复位用户进程	<0>认可 <1>否定认可
<3>发送/确认用户数据	<0>认可 <1>否定认可
<4>发送/无回答用户数据	无回答
<8>访问请求	<11>响应：链路状态
<9>请求/响应请求链路状态	<11>响应：链路状态
<10>请求/响应请求 1 级数据	<8>用户数据 <9>无所请求的用户数据
<11>请求/响应请求 2 级数据	<8>用户数据 <9>无所请求的用户数据

(2) 平衡链路层服务的功能码组合，见表 4-24。

表 4-24　平衡链路层服务的功能码组合

主站	子站
<0>复位远方链路	<0>认可 <1>否定认可

续表

主站	子站
<1>复位用户进程	<0>认可 <1>否定认可
<3>发送/确认用户数据	<0>认可 <1>否定认可
<4>发送/无回答用户数据	无回答
<9>请求/响应请求链路状态	<11>响应：链路状态

以上简单介绍了 101 协议内容，更多信息可以参考相关国家标准。

4.4 104 规约帧格式简介

4.4.1 104 协议变帧定义

104 协议变帧定义格式见表 4-25。

表 4-25 104 协议变帧定义格式

(1) 信息传输格式类型(I 格式)的控制域，见表 4-26。

(2) 编号的监视功能类型(S 格式)的控制域，见表 4-27。

(3) 未编号的控制功能类型(U 格式)的控制域，见表 4-28。

表 4-26　I 格式帧定义

比特 8	7	6	5	4	3	2	1	
发送序列号 N(S)						0		八位位组 1
发送序列号 N(S)								八位位组 2
接收序列号 N(R)						0		八位位组 3
接收序列号 N(R)								八位位组 4

表 4-27　S 格式帧定义

比特 8	7	6	5	4	3	2	1	
0						0	1	八位位组 1
0								八位位组 2
接收序列号 N(R)						0		八位位组 3
接收序列号 N(R)								八位位组 4

表 4-28　U 格式帧定义

比特 8	7	6	5	4	3	2	1	
TESTFR		STOPDT		STARTDT		1	1	八位位组 1
确认	生效	确认	生效	确认	生效			
0								八位位组 2
0						0		八位位组 3
0								八位位组 4

以上的传输控制可以实现应用层的诊断、确认、重传、开始/停止等功能，而应用层的功能，除与 101 规约一致外，可以实现信息帧编号的诊断，使信息传输更加可靠。

网络传输的端口号定义为 2404。

4.4.2 ASDU 基本格式

ASDU(Application Service Data Unit，应用服务数据单元)，其内容构成见表 4-29。

表 4-29 ASDU 内容格式定义

类型标识 TYP
可变结构限定词 VSQ
传输原因 COT
ASDU 公共地址
信息体地址
信息
....
信息

4.4.3 链路地址与 ASDU 公共地址

链路地址是根据链路层的结构情况确定的，ASDU 公共地址是根据应用层的情况而定的。在点对点通信时，二者可以相同。但在某些情况下，一个链路地址下可以有多个 ASDU 公共地址。ASDU 公共地址是指配电终端的实际地址，占用一个或两个八位位组，是一个系统参数。若一个特定系统中所有站在同一时刻启动同一个应用功能，如：用时钟同步命令去同步当地时钟，可采用广播地址 FFH 或 FFFFH。

4.4.4 类型标识 TYP

类型标识占 1 字节。类型标识定义了信息对象的结构、类型和格式。一个应用服务数据单元内全部信息对象有相同的结构、类型和格式。这里仅列出配电自动化系统可能用到的一部分。全部定义请参考标准 101 规约。

在监视方向上的过程信息的类型标识：

<1>: = 单点信息		M_SP_NA_1
<3>: = 双点信息		M_DP_NA_1
<9>: = 测量值，规一化值		M_ME_NA_1
<15>: = 累计量		M_IT_NA_1
<21>: = 测量值，不带品质描述词的规一化值		M_ME_ND_1
<30>: = 带 CP56Time2a 时标的单点信息		M_SP_TB_1
<31>: = 带 CP56Time2a 时标的双点信息		M_DP_TB_1
<34>: = 带 CP56Time2a 时标的测量值，规一化值		M_ME_TD_1
<37>: = 带 CP56Time2a 时标的累计量		M_IT_TB_1

在控制方向的过程信息的类型标识：

<46>: = 双点命令	C_DC_NA_1

在监视方向的系统命令的类型标识：

<70>: = 初始化结束	M_EI_NA_1

在控制方向的系统命令的类型标识：

<100>: = 总召唤命令	C_IC_NA_1
<101>: = 计数量召唤命令	C_CI_NA_1
<102>: = 读命令	C_RD_NA_1
<103>: = 时钟同步命令	C_CS_NA_1
<104>: = 测试命令	C_TS_NA_1
<105>: = 复位进程命令	C_RP_NA_1
<106>: = 延时获得命令	C_CD_NA_1

在控制方向的参数命令的类型标识：

<110>: = 测量值参数，规一化值	P_ME_NA_1

文件传输的类型标识：

: = 文件准备就绪	F_FR_NA_1
: = 节准备就绪	F_SR_NA_1
: = 召唤目录，选择文件，召唤文件，召唤节	F_SC_NA_1
<123>: = 最后的节,最后的段	F_LS_NA_1
<124>: = 认可文件,认可节	F_AF_NA_1

<125> : = 段	F_SG_NA_1
<126> : = 目录	F_DR_NA_1

4.4.5 可变结构限定词 VSQ

VSQ 定义的具体内容如图 4-4 所示。

bit 8 7 6 5 4 3 2 1

| SQ | 2^6 | 数 | 目 | | 2^0 | 可变结构限定词 |

图 4-4　VSQ 定义

SQ: = 0 由信息对象地址来寻址的单个信息元素。应用服务数据单元可以由一个或者多个同类的信息对象所组成。数目 N 是一个二进制数,它定义了信息对象的数目。

SQ: = 1 由信息对象地址来寻址的同类信息元素序列(即同一种格式测量值),信息对象地址是顺序信息元素的第一个信息元素的地址。后续信息元素的地址是从这个地址起顺序加 1。

4.4.6 传输原因

在应用服务数据单元中,传送原因占用 1 或 2 个字节,配电自动化系统推荐使用 2 个字节,其格式如图 4-5 所示。

Bit 8 7 6 5 4 3 2 1

| T | P/N | 2^5 | 原 | 因 | | 2^0 | 传送原因 |
| | | 源发地址 | | | | | |

　　　每个系统任选

图 4-5　传送原因定义

T: =0 未试验
　=1 试验

P/N 位用以对由启动应用功能所请求的激活给予肯定或者否定确认。

　: =0 肯定确认
　: =1 否定确认

原因:

<0> : = 未用	
<1> : = 周期、循环	

<2> : =背景扫描

<3> : =突发 (自发)

<4> : =初始化

<5> : =请求或者被请求

<6> : =激活

<7> : =激活确认

<8> : =停止激活

<9> : =停止激活确认

<10> : =激活终止

<13> : =文件传输

<14..19>: =保留

<20> : =响应站召唤

<21> : =响应第 1 组召唤

<22> : =响应第 2 组召唤

<23> : =响应第 3 组召唤

<24> : =响应第 4 组召唤

<25> : =响应第 5 组召唤

<26> : =响应第 6 组召唤

<27> : =响应第 7 组召唤

<28> : =响应第 8 组召唤

<29> : =响应第 9 组召唤

<30> : =响应第 10 组召唤

<31> : =响应第 11 组召唤

<32> : =响应第 12 组召唤

<33> : =响应第 13 组召唤

<34> : =响应第 14 组召唤

<35> : =响应第 15 组召唤

<36> : =响应第 16 组召唤

<37> : =响应计数量站召唤

<38> : =响应第 1 组计数量召唤

<39> : =响应第 2 组计数量召唤

<40> : =响应第 3 组计数量召唤

<41> : =响应第 4 组计数量召唤

<42..43> : =为配套标准保留 (兼容范围)

<44> : =未知的类型标识

<45> : =未知的传送原因

<46>：=未知的应用服务数据单元公共地址
<47>：=未知的信息对象地址

4.4.7　信息体地址及组号分配

遥信：信息对象地址范围为1H-1000H。
遥测：信息对象地址范围为4001H-5000H。
参数：地址范围为5001H-6000H。
遥控、升降：地址范围为6001H-6200H。
电能累计量：地址范围为6401H-6600H。
步位置信息：地址范围为6601H-6700H。
文件传送地址6802H-7000H。
组号分配：
第1组—第8组　遥信
第9组—第13组　遥测
第14组　参数
第15组　步位置信息
第16组　远动终端状态

4.4.8　信息元素

下面列出了配电自动化系统用到的信息元素的格式，是101规约的子集。

1. 带品质描述词的单点信息(SIQ)

```
SIQ                        ：=CP8{SPI, RES, BL, SB, NT, IV}
SPI=单点信息               ：=BS1[1]<0..1>
           <0>             ：=开
           <1>             ：=合
RES=RESERVE                ：=BS3[2..4]<0>
```

品质描述词的定义(BL,SB,NT,IV)见品质描述词(QDS)。

2. 带品质描述词的双点信息(DIQ)

```
DIQ                        ：=CP8{DPI, RES, BL, SB, NT, IV}
DPI=双点信息               ：=UI2[1..2]<0..3>
       <0>                 ：=不确定或中间状态
       <1>                 ：=确定状态开
```

```
        <2>            : =确定状态合
        <3>            : =不确定或中间状态
RES=RESERVE            : =BS3[2..4]<0>
```

3. 品质描述词(单个八位位组)(QDS)

品质描述词由 5 个品质比特位组成，它们可彼此独立地设置。品质描述词向控制站提供了关于信息对象的额外的品质信息。

```
QDS                    : =CP8{OV, RES, BL, SB, NT, IV}
    OV                 : =BS1[1] <0..1>
        <0>   : =未溢出
        <1>   : =溢出
    RES=RESERVE   : =BS3[2..4]<0>
    BL                 : =BS1[5]<0..1>
        <0>   : =未被封锁
        <1>   : =被封锁
    SB                 : =BS1[6]<0..1>
        <0>   : =未被取代
        <1>   : =被取代
    NT                 : =BS1[7]<0..1>
        <0>   : =当前值
        <1>   : =非当前值
    IV                 : =BS1[8]<0..1>
        <0>   : =有效
        <1>   : =无效
```

OV=溢出/未溢出
　　信息对象的值超出了预先定义值的范围(主要适用模拟量值)
BL=被封锁/未被封锁
　　信息对象的值因传输而被封锁，值保持封锁前采集的状态。封锁和解锁可以由当地连锁机构或当地自动原因启动。
SB=被取代/未被取代
　　信息对象的值由值班员(调度员)输入或者由当地自动原因所提供。
NT=当前值/非当前值
　　若最近的值刷新成功则称为当前值，若一个指定的时间间隔内刷新不成功或者其值不可用，就称为非当前值。
IV=有效/无效
　　若值被正确采集即有效，在采集功能确认信息源的反常状态(装置不能工作或非工作刷新）则值就是无效的。在这些条件下，没有定义信息对象的值。标上无效用以提醒使用者此值不正确，不能使用。

4. 规一化值(NVA)

```
NVA                        :=F16[1..16]<-1..+1-2⁻¹⁵>
```

没有定义测量值的分辨率，如果测量值的分辨率比 LSB 的最小单位粗，则这些 LSB 位设置为零。

5. 二进制计数器读数(BCR)

```
BCR                          :=CP40{计数器读数，顺序记法}
计数器读数：=I32[1..32]<-2³¹..+2³¹-1>
顺序记法：=CP8{SQ,CY,CA,IV}
    SQ=顺序号             :=UI5[33..37]<0..31>
    CY=进位               :=BS1[38]<0..1>
        <0>              :=在相应的累加周期内计数器未溢出
        <1>              :=在相应的累加周期内计数器溢出
    CA=计数量被调整        :=BS1[39]<0..1>
        <0>              :=上次读数后计数器未被调整
        <1>              :=上次读数后计数器被调整
    IV=无效               :=BS1[40]<0..1>
        <0>              :=有效
        <0>              :=无效
SQ=顺序号
CY=进位（当值由+2⁺³¹-1 加 1 以后变成零或由 -2⁺³¹ 变成零发生计数器溢出）
CA=计数器被调整（如计数器初始化为某个值，例如在启动时设置为零或其他某个值，
    认为计数器被调整）
IV=无效
```

注：由值确定 CA、CY、IV 是否修改。它们可出现在对计数量召唤命令的响应中，或者在完成计数量冻结和复位命令的自动内部功能的响应中。

6. 单命令(SCO)

```
SCO=单命令                   :=CP8[SCS,BS1,QOC]
SCS=单命令状态               :=BS1[1]<0..1>
        <0>              :=开
        <1>              :=合
```

```
RES=备用：=BS1[2]<0>
QOC=                          ：=CP6[3..8]{QU,S/E}        见命令限定词(QOC)
```

7. 双命令(DCO)

```
DCO=双命令                    ：=CP8[DCS,BS1,QOC]
DCS=双命令状态                ：=UI2[1..2]<0..3>
        <0>                   ：=不允许
        <1>                   ：=开
        <2>                   ：=合
        <3>                   ：=不允许
QOC=                          ：=CP6[3..8]{QU,S/E}        见命令限定词(QOC)
```

8. 七个八位位组二进制时间(CP56Time2a)

```
CP56Time2a   ：=CP56{毫秒，分，保留 1，无效，小时，保留 2，夏季时间，日，
星期的某天，月，保留 3，年，保留 4}
```

表 4-30　日期格式

	2^7		Millisecond		2^0	
	2^{15}		Millisecond		2^8	
IV	RES1	2^5	Minutes		2^0	
SU	RES2	2^4	Hours		2^0	
2^{2}DAY OF WEEK	2^0	2^4	DAY OF MONTH		2^0	
RES3		2^3	Month	2^0		
RES4 2^6			Years	2^0		

在本配套标准中未采用夏季时间，SU 设置为 0。

```
Millisecond:=UI16[1～16]<0～59999>,
Minutes:=UI6[17～22]<0～59>,
RES1:=BS1[23], RES2:=BS[30～31],RES3:=BS[45～48],Invalid:=
BS1[24]<0～1>
    <0>:=有效 <1>:=无效,
    Hours:=UI5[25～29]<0～23>,
```

```
Month:=BS4[41~44]<1~12>,
Day of month:=UI5[33~37]<1~31>,
Day of week:=UI3[38~40]<1~7>,
Years:=UI7[49~55]<0~99>,
RES4:=BS1[56]
```

9. 初始化原因(COI)

```
COI                        : =CP8{UI7[1..7],BS1[8]}
UI7[1..7]<0..127>
        <0>                : =当地电源合上
        <1>                : =当地手动复位
        <2>                : =远方复位
BS1[8]<0..1>
        <0>                : =未改变当地参数的初始化
        <1>                : =改变当地参数后的初始化
```

10. 召唤限定词(QOI)

```
QOI                        : =UI[1..8]<0..255>
        <20>               : =响应站召唤
        <21>               : =响应第1组召唤
        <22>               : =响应第2组召唤
        <23>               : =响应第3组召唤
        <24>               : =响应第4组召唤
        <25>               : =响应第5组召唤
        <26>               : =响应第6组召唤
        <27>               : =响应第7组召唤
        <28>               : =响应第8组召唤
        <29>               : =响应第9组召唤
        <30>               : =响应第10组召唤
        <31>               : =响应第11组召唤
        <32>               : =响应第12组召唤
        <33>               : =响应第13组召唤
        <34>               : =响应第14组召唤
        <35>               : =响应第15组召唤
        <36>               : =响应第16组召唤
```

11. 计数量召唤命令限定词(QCC)

QCC	: =CP8{RQT,FRZ}
RQT=请求	: =UI6[1..6]<0..63>
<1>	: =请求计数量第 1 组
<2>	: =请求计数量第 2 组
<3>	: =请求计数量第 3 组
<4>	: =请求计数量第 4 组
<5>	: =总的请求计数量
FRZ=冻结	: =UI2[7..8]<0..3>
<0>	: =读 (无冻结和复位)
<1>	: =计数量冻结不带复位 (被冻结的值为累加值)
<2>	: =计数量冻结带复位 (被冻结的值为增量信息)
<3>	: =计数量复位

由 FRZ 码所规定的动作仅用于由 RQT 码所规定的组。

12. 测量值参数限定词(QPM)

QPM	: =CP8{KPA,LPC,POP}
KPA=参数类别	: =UI6[1..6]<0..63>
<1>	: =门限值
<2>	: =平滑系数 (滤波时间常数)
<3>	: =传送测量值的上限
<4>	: =传送测量值的下限
LPC= 当地参数改变	: =BS1[7]<0..1>
<0>	: =未改变
<1>	: =改变
POP= 参数在运行	: =BS1[8]<0..1>
<0>	: =运行
<1>	: =未运行

若 LPC 和 POP 没用时设置为 0。

在被控站有缺省值定义的当地参数可由总召唤过程查询。如果这些参数不用总召唤传定，可用组 1<21>至 16<36>进行。

门限值是测量值最小改变量，改变量超过此值将引起测量值传输。

传输的上下限值指测量值超过它将引起测量值传输。

每个系统由唯一的信息对象地址为每一种参数进行定义。

13. 参数激活限定词(QPA)

QPA		: =UI8[1..8]<0..255>
	<1>	: =激活/停止激活之前装载的参数(信息对象地址=0)
	<2>	: =激活/停止激活所寻址信息对象的参数
	<3>	: =激活/停止激活所寻址的持续循环或周期传输的信息对象

激活/停止激活在传输原因中定义。

14. 命令限定词(QOC)

QOC		: =CP6{QU,S/E}
QU		: =UI5[3..7]<0..31>
	<1>	: =短脉冲持续时间(断路器),持续时间由被控站内的系统参数所确定
	<2>	: =长脉冲持续时间,持续时间由被控站内的系统参数所确定
	<3>	: =持续输出
S/E=		: =BS1[8]<0..1>
	<0>	: =执行
	<1>	: =选择

15. 复位进程命令限定词(QRP)

QRP		: =UI8[1..8]<0..255>
	<0>	: =未采用
	<1>	: =进程的总复位
	<2>	: =复位事件缓冲区等待处理的带时标的信息

16. 文件准备就绪限定词(FRQ)

FRQ		: =CP8{UI7[1..7],BS1[8]}
UI7[1..7]<0..127>		
	<0>	: =缺省
	<1..63>	: =为本配套标准的标准定义保留(兼容范围)
	<64..127>	: =为特定使用保留(专用范围)
BS1[8]<0..1>		
	<0>	: =选择、请求、停止激活、或删除的肯定确认
	<1>	: =选择、请求、停止激活、或删除的否定确认

17. 节准备就绪限定词(SRQ)

SRQ	:=CP8{UI7[1..7],BS1[8]}
UI7[1..7]<0..127>	
<0>	:=缺省
<1..63>	:=为本配套标准的标准定义保留(兼容范围)
<64..127>	:=为特定使用保留(专用范围)
BS1[8]<0..1>	
<0>	:=节准备就绪
<1>	:=节未准备就绪

18. 选择和召唤限定词(SCQ)

SCQ	:=CP8{UI4[1..4],UI4[5..8]}
UI4[1..4]<0..15>	
<1>	:=选择文件
<2>	:=请求文件
<3>	:=停止激活文件
<4>	:=删除文件
<5>	:=选择节
<6>	:=请求节
<7>	:=停止激活节
UI4[5..8]<0..15>	
<1>	:=无所请求的存储空间
<2>	:=校验和错
<3>	:=非所期望的通信服务
<4>	:=非所期望的文件名称
<5>	:=非所期望的节名称

19. 最后的节和段的限定词(LSQ)

LSQ	:=UI8[1..8]<0..255>
<0>	:=未用
<1>	:=不带停止激活的文件传输
<2>	:=带停止激活的文件传输
<3>	:=不带停止激活的节传输
<4>	:=带停止激活的节传输

20. 文件认可或节认可限定词(AFQ)

```
AFQ                    :=CP{UI4[1..4],UI4[5..8]}
UI4[1..4]<0..15>
       <0>             :=未用
       <1>             :=文件传输的肯定认可
       <2>             :=文件传输的否定认可
       <3>             :=节传输的肯定认可
       <4>             :=节传输的否定认可
UI4[5..8]<0..15>
       <0>             :=未用
       <1>             :=无所请求的存储空间
       <2>             :=校验和错
       <3>             :=非所期望的通信服务
       <4>             :=非所期望的文件名称
       <5>             :=非所期望的节名称
```

21. 文件名称(NOF)

```
NOF                    :=UI16[1..16]<0..65535>
       <0>             :=缺省
       <1.. 65535>    :=文件名称
```

22. 节名称(NOS)

```
NOS                    :=UI8[1..8]<0..255>
       <0>             :=缺省
       <1.. 255>      :=节名称
```

23. 文件或节的长度(LOF)

```
LOF                    :=UI24[1..24]<0..16777215>
       <0>             :=未用
       <1..16777215>:=整个文件或节的八位位组数
```

24. 段的长度(LOS)

```
LOS                    :=UI8[1..8]<0..255>
       <0>             :=未用
       <1.. n>        :=段的八位位组数
```

n 的范围最大数目在 234(当链路域、数据单元标识符和信息对象地址为最大长度)和 240(当链路域、数据单元标识符和信息对象地址为最小长度)之间。

25. 校验和(CHS)

CHS		: =UI8[1..8]<0..255>
	<0.. 255>	: =对一个节的全部八位位组(当用于最后段规约数据单元中)或者整个文件的全部八位位组(当用于最后节规约数据单元中)不考虑溢出的算术和(256 模加)

26. 文件的状态(SOF)

SOF		: =CP8{STATUS,LFD,FOR,FA}
STATUS		: =UI5[1..5]<0..31>
	<0>	: =未用
LFD		: =BS1[6]<0, 1>
	<0>	: =后面还有目录文件.
	<1>	: =最后目录文件
FOR		: =BS1[7]<0..1>
	<0>	: =定义的是文件名
	<1>	: =定义的是子目录名
FA		: =BS1[8]<0..1>
	<0>	: =文件等待传输
	<1>	: =文件传输已激活

101/104 规约内容还有很多，此处不再介绍。读者可以通过国家标准进一步了解通信规约内容。原来定义的 101/104 规约内容需要扩展，在互联网时代，需要增加链接密码认证以提高安全性。

小　　结

本章介绍了数据汇集单元基本原理和部分电路原理，同时介绍了电力企业实际使用中的 104 协议内容。通过协议每帧格式定义内容，读者可以深入掌握 104 协议工作原理。为了扩展读者对 101 协议的掌握，书中也简单介绍了 101 协议内容。必须指出的是，101/104 协议安全性不能满足现在网络发展的需要，

同时下一代 IEC61850 通信标准已实施多年，但在国内尚未真正使用起来。

　　电力安全与否涉及国家安全，必须提高到政治高度考虑。从安全角度来说，我国完全可以自己定义电力通信协议标准，自成一个体系。目前投入电力系统运行的通信产品，国家电网相关标准已经提出采用加密芯片支持通信安全。

思　考

1. 数据汇集单元的工作原理是什么？主要作用有哪些？
2. 101/104 协议主要帧格式有哪些？什么是 SOE？
3. 谈谈如何在帧格式定义环节提高通信安全性。

第 5 章　前端监控程序

本章重点介绍工业级前端监控程序设计方法并给出程序案例。服务器上运行的前端监控程序是整个物联网工程中的喉舌所在，其并发处理能力直接决定了客户端上传数据的能力和整个系统的性能。本章介绍了流、套接字、同步、异步等概念，并介绍了 Windows 上运行的 IOCP 模型和 Linux 上运行的 Epoll 模型。通过本章的学习，读者可以掌握服务器监控程序的设计思路和方法。

研究目标

掌握流、套接字、同步、异步、阻塞的概念；
掌握 Windows Socket 编程方法；
掌握 IOCP 工作原理；
掌握 Epoll 工作原理。

理论要求

知识要点	读者要求	相关知识
套接字	套接字工作原理	套接字概念
绑定、监听与连接、接收	(1) 服务器绑定 (2) 服务器监听 (3) 客户机连接 (4) 服务器接收	bind()、listen()、connect()和accept()方法
IOCP 和 EPOLL	(1) IOCP 工作原理 (2) EPOLL 工作原理	IOCP 编程和 EPOLL 编程实践

推荐阅读资料

1. http://www.cnblogs.com/lancidie/archive/2013/05/02/3054063.html.(IOCP 与 Epoll 比较，2020,4,13)

2. http://blog.csdn.net/thinkry/article/details/1296466.(IOCP 与 Epoll 区别，2020,5,18)

3. https://wenku.baidu.com/view/51b8611ea76e58fafab00344.html.(IOCP 与 Epoll 核心思想，2020,5,18)

4. 微软 MSDN Windows Socket 编程.

5.1 前端监控程序概述

一个物联网系统监测数据能否正常上传，核心在于前端监控程序能否正常运行。在几千个点同时往服务器上传数据时，并发处理需要做到极致。这里需要异步通信技术完成此任务，常用的异步通信模型有 IOCP 模型和 Epoll 模型。

5.1.1 Windows Socket 通信

Socket 通信解决了网络上不同机器之间的 TCP/IP 通信问题。从编程角度来看，是解决了不同机器进程与进程之间通信的机制问题的。在 Windows TCP/IP 通信中，主要有以下几种通信方式。

1. 流套接字

流套接字(SOCK_STREAM)用于提供面向连接、可靠的数据传输服务。该服务将保证数据能够实现无差错、无重复发送，并按顺序接收。流套接字使用传输控制协议，即 TCP(The Transmission Control Protocol)。

2. 数据报套接字

数据报套接字(SOCK_DGRAM)提供了一种无连接的服务。该服务并不能保证数据传输的可靠性，数据有可能在传输过程中丢失或出现数据重复，且无法保证顺序地接收到数据。数据报套接字使用 UDP(User Datagram Protocol)进行数据的传输。由于数据报套接字不能保证数据传输的可靠性，对于有可能出现的数据丢失情况，需要在程序中做相应的处理。

3. 原始套接字

原始套接字(SOCKET_RAW)允许对较低层次的协议直接访问，如 IP、ICMP，它常用于检验新的协议实现情况，或者访问现有服务中配置的新设备。因为原始套接字可以控制 Windows 下的多种协议，能够对网络底层的传输机制进行控制，所以网络层和传输层的操控就可以用原始套接字来实现。例如，用 RAW SOCKET 来接收发向本机的 ICMP、IGMP 包，或者接收 TCP/IP 栈不能够处理的 IP 数据包，也可以用来发送一些自定包头或自定协议的 IP 包。常见的网络监听技术就是 SOCKET_RAW 的技术实现。

原始套接字与标准套接字(流套接字和数据报套接字)的区别在于：原始套接字可以读写内核没有处理的 IP 数据包，而流套接字只能读取 TCP 的数据，数据报套接字只能读取 UDP 的数据。因此，如果要访问其他协议发送的数据，必须要使用原始套接字。

Windows 下主要采用客户机/服务器模式工作，即客户机先向服务器发出连接请求，服务器收到请求后再提供服务。在双方通信之前，显然服务器进程与客户机进程之间需要完成"套接"，然后才能通信数据"字"。双方各自提供网络进程通信的三元组(协议、IP 地址、端口号)，最后套接成功后通信。

4. 服务器与客户机交互过程

服务器与客户机的交互过程如图 5-1 所示。

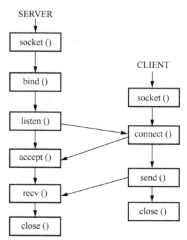

图 5-1　服务器与客户机的交互过程

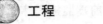

具体过程可以描述如下。

(1) 服务器根据地址类型(IPv4、IPv6)、socket 类型及通信协议创建 socket。

(2) 服务器为 socket 绑定 IP 地址和端口号。

(3) 服务器 socket 监听端口号请求，随时准备接收客户端发来的连接。这时服务器的 socket 并没有被打开。

(4) 客户端创建 socket。

(5) 客户端打开 socket，根据服务器 IP 地址和端口号试图连接服务器 socket。

(6) 服务器 socket 接收到客户端 socket 请求，被动打开，开始接收客户端请求，直到客户端返回连接信息。这时 socket 进入阻塞状态，所谓阻塞即 accept()方法一直等到客户端返回连接信息后才返回，开始接收下一个客户端连接请求。

(7) 客户端连接成功，向服务器发送连接状态信息。

(8) 服务器 accept 方法返回，连接成功。

(9) 客户端向 socket 写入信息。

(10) 服务器读取信息。

(11) 客户端关闭，服务器关闭。

5. 阻塞

阻塞就是函数返回需要等到要处理的事务处理完毕后才可以实现。非阻塞就是函数发起处理某事后，立即返回，被发起处理的事进展如何，采用查询式完成。例如用 send 和 recv 两个函数，当 send 函数发送数据时，只是把数据传输到 TCP/IP 协议栈的输出缓冲区，它执行成功并不代表数据就已经成功地发送出去了。如果 TCP/IP 协议栈没有足够的可用缓冲区来保存要发送的数据，这时就有阻塞和非阻塞使用的区别。对于阻塞模式的 send 函数将不返回，一直到系统缓冲区有足够的空间把要发送的数据复制过去后才返回，而对于非阻塞方式会立即返回 WSAEWOULDDBLOCK 消息，但数据并没有被复制过去。

对于 recv 函数，其功能是等待 TCP/IP 协议栈的接收缓冲区数据。对于阻塞模式来说，如果 TCP/IP 协议栈的接收缓冲区是空的，它就一直等待接收数据，不返回，耗费系统资源。对于非阻塞模式，该函数会立即返回 WSAEWOULDDBLOCK 消息，片刻后会再一次查询接收缓冲区有无数据。

5.1.2 非阻塞模式 WinSock 编程

WinSock 提供了非阻塞通信模式，其中 I/O 模型包括 select 模型、WSAAsyncSelect 模型及 WSAEventSelect 模型。WSAAsyncSelect 模型只需要一个主线程就可以管理很多 socket 对象，效率很高，下面重点介绍。

int WSAAsyncSelect(SOCKET s, HWND hWnd, unsigned int wMsg, long IEvent)函数在通信过程中自动将套接字设置为非阻塞模式，并且把发生在该套接字上的事件，以 Windows 消息的形式发送到指定的窗口上，用户只需要对收到的消息进行处理即可。其函数参数 hWnd 表示指定接收消息的窗口句柄；参数 wMsg 表示消息码值，可以自定义；参数 IEvent 表示通信要接收的网络事件的集合，它可以是 FD_READ, FD_WRITE, FD_OOB, FD_ACCEPT, FD_CONNECT, FD_CLOSE 中几个任意组合。如果在某一套接字 s 上发生了一个已命名的网络事件，应用程序窗口 hWnd 会接收到消息 wMsg。参数 wParam 即为该事件相关的套接字 s；参数 lParam 的低字段指明了发生的网络事件，lParam 的高字段则含有一个错误码，事件和错误码可以通过下面的宏从 lParam 中取出：

```
#define WSAGETSELECTEVENT(lParam) LOWORD(lParam)
#define WSAGETSELECTERROR(lParam) HIWORD(lParam)
```

下面介绍通信编程框架。在开始之前，我们定义一个 Windows 消息码，用于标识网络消息。

```
#define WM_SERVER_MSG (WM_USER + 200)
```

服务器端，在监听前将监听套接字设置为非阻塞模式，并且标明事件为 FD_ACCEPT。

```
WSAAsyncSelect(server, wnd, WM_SERVER_MSG, FD_ACCEPT);
listen(server); //服务器监听
```

客户端，在连接前将套接字设置为非阻塞模式，并标明事件为 FD_CONNECT。

```
WSAAsyncSelect(client, wnd, WM_SERVER_MSG, FD_CONNECT);
```

然后设置连接的服务器 IP 地址和端口号(ServerIPport)，采用 connect 函数完成：

物联网 工程

```
connect(client,IPport);
```

在服务器端，调用 Windows 处理函数：

```
LRESULT CALLBACK WndProc(HWND hWnd, UINT message, WPARAM wParam,
LPARAM lParam)
{
    switch (message)
    {
    case WM_SERVER_MSG:                              // 自定义消息码
        {
            SOCKET socket = (SOCKET)wParam;          // 创建套接字
            long event = WSAGETSELECTEVENT(lParam);// 事件
            int error = WSAGETSELECTERROR(lParam);// 错误码

            switch (event)
            {
            case FD_ACCEPT:    // 服务器收到新客户端的连接请求
                {
                    // 接收到客户端连接，分配一个客户端套接字
                    SOCKET client = accept(socket);
            // 将新分配的客户端套接字置为非阻塞模式，并标明事件为读、写及关闭
                    WSAAsyncSelect(client, hWnd, message, FD_READ |
                    FD_WRITE | FD_CLOSE);
                }
                break;
            case FD_CONNECT:   // 客户端连接到服务器的操作返回结果
                {
            // 成功连接到服务器，将客户端套接字置为非阻塞模式，并标明事件
                为读、写及关闭
                    WSAAsyncSelect(socket, hWnd, message, FD_READ |
                                   FD_WRITE | FD_CLOSE);
                }
                break;
            case FD_READ:      // 收到网络数据包，需要读取
                {
                    // 使用套接字读取网络包
```

```
                    recv(socket);
            }
            break;
        case FD_WRITE:
            {
                // FD_WRITE 的处理
            }
            break;
        case FD_CLOSE:  // 套接字的连接方(而非本地 socket)关闭消息
            {
            }
            break;
        default:
            break;
        }
    }
    break;
    …
    }
    …
}
```

　　以上就是非阻塞模式 WinSock 的应用框架，WSAAsyncSelect 模型将套接字和 Windows 消息处理机制结合在一起，为用户异步 Socket 应用提供了一种高效率的解决方案。

5.1.3　104 协议前端监控程序

　　在 MFC 中自定义了 WM_SOCKET 消息，其对应的消息映射函数为 OnSocket()，在 CTCPDlg 类中实现。本例子是 104 协议解析测试版本，服务器可以同时连接和解析客户端 3 万多个。程序注释中大多是作者在编程中需要关注的细节提示，读者可以带着这些问题继续深入研究。本例中有很多网络编程语句使用模型，细心的读者可以借鉴。

```
void CTCPDlg::OnSocket(WPARAM wParam,LPARAM lParam)
{
CFile file;
```

```
    BYTE A[3]={0xc1,0x39,0x89};
    SOCKET CurSock= (SOCKET)wParam;//调用 WinSock API 函数，得到发生此
事件的客户端套接字
        CString str13;
        char cs[100]={0};
    switch (lParam)    //调用 WinSock API 函数，得到网络事件类型，int iEvent =
//WSAGETSELECTEVENT(lParam);直接用 lParam 也可以
    {
      case FD_ACCEPT:
            {
            int i=0;
            int lenth=sizeof(add1);
            s1=::accept(s,(sockaddr*)&add1,&lenth);
            n=n+1;
            str13.Format("有%d 个 DTU 已经连接上了！IP 地址为：",n);
            GetDlgItem(IDC_TEXT)->SetWindowText(str13);
            str13+=::inet_ntoa(add1.sin_addr);
            str13+=" \r\n";
        /*//在网络编程中，正好完美发送 BYTE*，强转即可。send((const char*)
            byte,...);*/
            str13+="的 DTU 连接完毕！\r\n";
            GetDlgItem(IDC_TEXT)->SetWindowText(str13);
            //::inet_ntoa(add1.sin_addr);
            //::inet_addr(::inet_ntoa(add1.sin_addr));
            if (a==99999)
             {
            a=50000;//限制 socket 数组下标越界
             }
            if (int(abs(::inet_addr(::inet_ntoa(add1.sin_addr))))/
             10000000)>=99999)
            {
            a=50000;//如果多的大于 99999，将 a 限制在 50000
            }
            else {
```

```
If (ip_int==int(abs(::inet_addr(::inet_ntoa
    (add1.sin_addr)))/10000000) ||
    a>=int(abs(::inet_addr(::inet_
    ntoa(add1.sin_addr)))/10000000))
    {
    a=a+1;
    }
    else
    {ip_int=int(abs(::inet_addr(::inet_ntoa(add1.
    sin_addr)))/10000000);
    a=ip_int;
    }
    }
socket_dtu[a]=s1;
```

/*对不同 IP 地址建立不同连接 socket,相同 IP 地址也进行了区别不同的 socket。*/

```
::WSAAsyncSelect(socket_dtu[a],this->m_hWnd,WM_SOCKET,FD_CLOS
E|FD_READ|FD_WRITE);
```

//通信套接字也是异步工作方式

```
    time =CTime::GetCurrentTime();
    strTime="0";
strTime.Format("%d%02d%02d%02d%02d",time.GetYear(),time.GetMon
th(),time.GetDay(),time.GetHour(),time.GetMinute());
    CString
cstr="6814000000006701060000000000000000"+strTime.Mid (10,2)+strTime
.Mid(8,2)+strTime.Mid(6,2)+strTime.Mid(4,2)+strTime.Mid(2,2);
```

//一连接上就返回一个校时帧。对于 16 进制发送, 此处要修改。

```
    char b[44];
    strncpy(b,(LPCTSTR)cstr,sizeof(b));
    ::send(socket_dtu[a],(const char*)A,3,0);//系统提示
    //::send(socket_dtu[a],(char*)A,3,0);//也可以使用,区别在于
没用 const 修饰
    /* ::send(socket_dtu[a],b,44,0); */
    //注意,用 cstring 直接输出,显示不全, 改用 char 数组即可。
    }
    break;
```

```
       case FD_WRITE:
           {
         // CString cstr="收到信息返回";
    //  ::send(CurSock,cstr.GetBuffer(1),sizeof(cstr),0);//注意，用
cstring 直接输出，显示不全，改用 char 数组。
               }
           break;
       case FD_CLOSE:
           {
               ::closesocket(CurSock);
               n=n-1;
           str13.Format("目前还有%d 个 DTU 连接服务器！",n);
           GetDlgItem(IDC_TEXT)->SetWindowText(str13);
           }
           break;
       case FD_READ:
       {
           // GetDlgItem(IDC_RECEIVE)->EnableWindow(false);
         c=c+1;
           BYTE send10[6]={0x00,0x00,0x00,0x00,0x00,0x00};
           BYTE recbyte[200]={0x00,0x00,0x00,0x00,0x00,0x00,
                              0x00,0x00,0x00,0x00,
0x00,0x00,0x00,0x00,0x00,0x00,0x00,0x00,0x00,0x00,
0x00,0x00,0x00,0x00,0x00,0x00,0x00,0x00,0x00,0x00,
0x00,0x00,0x00,0x00,0x00,0x00,0x00,0x00,0x00,0x00,
0x00,0x00,0x00,0x00,0x00,0x00,0x00,0x00,0x00,0x00,
0x00,0x00,0x00,0x00,0x00,0x00,0x00,0x00,0x00,0x00,
0x00,0x00,0x00,0x00,0x00,0x00,0x00,0x00,0x00,0x00,
0x00,0x00,0x00,0x00,0x00,0x00,0x00,0x00,0x00,0x00,
0x00,0x00,0x00,0x00,0x00,0x00,0x00,0x00,0x00,0x00,
0x00,0x00,0x00,0x00,0x00,0x00,0x00,0x00,0x00,0x00,
0x00,0x00,0x00,0x00,0x00,0x00,0x00,0x00,0x00,0x00,
0x00,0x00,0x00,0x00,0x00,0x00,0x00,0x00,0x00,0x00,
```

```
0x00,0x00,0x00,0x00,0x00,0x00,0x00,0x00,0x00,0x00,
0x00,0x00,0x00,0x00,0x00,0x00,0x00,0x00,0x00,0x00,
0x00,0x00,0x00,0x00,0x00,0x00,0x00,0x00,0x00,0x00,
0x00,0x00,0x00,0x00,0x00,0x00,0x00,0x00,0x00,0x00,
0x00,0x00,0x00,0x00,0x00,0x00,0x00,0x00,0x00,0x00,
0x00,0x00,0x00,0x00,0x00,0x00,0x00,0x00,0x00,0x00,
0x00,0x00,0x00,0x00,0x00,0x00,0x00,0x00,0x00,0x00,
0x00,0x00,0x00,0x00,0x00,0x00,0x00,0x00,0x00,0x00
        };
        BYTE sendbyte[200]={0x00,0x00,0x00,0x00,0x00,0x00,
                            0x00,0x00,0x00,0x00,
0x00,0x00,0x00,0x00,0x00,0x00,0x00,0x00,0x00,0x00,
0x00,0x00,0x00,0x00,0x00,0x00,0x00,0x00,0x00,0x00,
0x00,0x00,0x00,0x00,0x00,0x00,0x00,0x00,0x00,0x00,
0x00,0x00,0x00,0x00,0x00,0x00,0x00,0x00,0x00,0x00,
0x00,0x00,0x00,0x00,0x00,0x00,0x00,0x00,0x00,0x00,
0x00,0x00,0x00,0x00,0x00,0x00,0x00,0x00,0x00,0x00,
0x00,0x00,0x00,0x00,0x00,0x00,0x00,0x00,0x00,0x00,
0x00,0x00,0x00,0x00,0x00,0x00,0x00,0x00,0x00,0x00,
0x00,0x00,0x00,0x00,0x00,0x00,0x00,0x00,0x00,0x00,
0x00,0x00,0x00,0x00,0x00,0x00,0x00,0x00,0x00,0x00,
0x00,0x00,0x00,0x00,0x00,0x00,0x00,0x00,0x00,0x00,
0x00,0x00,0x00,0x00,0x00,0x00,0x00,0x00,0x00,0x00,
0x00,0x00,0x00,0x00,0x00,0x00,0x00,0x00,0x00,0x00,
0x00,0x00,0x00,0x00,0x00,0x00,0x00,0x00,0x00,0x00,
0x00,0x00,0x00,0x00,0x00,0x00,0x00,0x00,0x00,0x00,
0x00,0x00,0x00,0x00,0x00,0x00,0x00,0x00,0x00,0x00,
0x00,0x00,0x00,0x00,0x00,0x00,0x00,0x00,0x00,0x00
        };
        ::recv(CurSock,(char *)recbyte,200,0);
        GetDlgItem(IDC_RECEIVE)->GetWindowText(num);
```

```
    time =CTime::GetCurrentTime();
        strTime="0";
CString cstr="681400000000670106000000000000000000"+strTime.Mid(10,2)+
strTime.Mid(8,2)+strTime.Mid(6,2)+strTime.Mid(4,2)+strTime.Mid(2,2);
            CString cstr="\r\n"+strTime+"收到DTU数据: ";
             CString strB;
             int i=0;
              if (c<=50)
              {
                  num+=cstr;
                  strB="";
                if (recbyte[0]==0x10)
                {
                for(i=0;i<10;i++)
                  { strB.Format("%02x",recbyte[i]);
                     num+=strB;
                  }
                }
                else if (recbyte[0]==0x68)
                {
                  //for(i=0;i<(recbyte[1]+6);i++)
                  for(i=0;i<(recbyte[1]+2);i++)
                  { strB.Format("%02x",recbyte[i]);
                     num+=strB;
                  }
                }
                else
                   ;
                  GetDlgItem(IDC_RECEIVE)->SetWindowText(num);
                }
              else
              {
                num="";
```

```
strB="";
num+=cstr;
if (recbyte[0]==0x10)
{
for(i=0;i<10;i++)
  { strB.Format("%02x",recbyte[i]);
    num+=strB;
  }
}
else if (recbyte[0]==0x68)
{
    for(i=0;i<(recbyte[1]+2);i++)
  { strB.Format("%02x",recbyte[i]);
    num+=strB;
  }
}
else
    ;
GetDlgItem(IDC_RECEIVE)->SetWindowText(num);
c=0;
}
//::send(CurSock,recchar,sizeof(recchar),0);
x=x+1;
if (x<=40)
{
if ( recbyte[0]==0x68 && recbyte[1]==0x13 && recbyte[6]==
0xb4 && recbyte[15]==0xeb && recbyte[16]==0x90 && recbyte[17]==0xeb
&& recbyte[18]==0x90 )//未做和校验
        { //recbyte[198]='\r';
        // recbyte[199]='\n';
          strB="";
          for(i=0;i<(recbyte[1]+2);i++)
          { strB.Format("%02x",recbyte[i]);
```

```
                                          filebuf+=strB;
                                     }//文件拼接
                                     filebuf+="\r\n";
//  filebuf+=(char *)recbyte;//拼接帧，返回帧
            send10[0]=0x68;
            send10[1]=0x04;
            send10[2]=0x07;
            send10[3]=0x00;
            send10[4]=0x00;
            send10[5]=0x00;
            //send10[6]=recbyte[6];
            // send10[7]=recbyte[7];
            // send10[8]='0';
            // send10[9]=0x16;
    /*        BYTE count1=0;
            int sum1=0;
            for (count1=2;count1<=7;count1++)
                sum1=sum1+recbyte[count1];
                send10[8]=(BYTE) sum1&255;*/

            ::send(CurSock,(const char *)send10,sizeof
              (send10),0);
          }
    /////////////////////////////////////////以上是采集器登入服务器
起始帧OK////////////////////////////////////////////////
          if( recbyte[0]==0x68 && recbyte[1]==0x04 && recbyte[2]==
0x0b && recbyte[3]==0x00 && recbyte[4]==0x00 && recbyte[5]==0x00)
//未做和校验
          { //recbyte[198]='\r';
          // recbyte[199]='\n';
            strB="";
             for(i=0;i<(recbyte[1]+2);i++)
            { strB.Format("%02x",recbyte[i]);
               filebuf+=strB;
```

```
            }//文件拼接
            filebuf+="\r\n";
            }
        ////////////////////////////////////////////////以上为
激活确认回复////////////////////////////////////////
            if ( recbyte[0]==0x68 && recbyte[1]==0x22 && recbyte[6]==
0x09 && recbyte[7]==0x04 && recbyte[8]==0x03 && recbyte[9]==0x00)
//未做和校验
            { //recbyte[198]='\r';
            // recbyte[199]='\n';
                strB="";
                for(i=0;i<(recbyte[1]+2);i++)
                { strB.Format("%02x",recbyte[i]);
                    filebuf+=strB;
                }//文件拼接
                filebuf+="\r\n";
                GetLocalTime(&st);
                int i=st.wYear-2000;
                int j=st.wMonth;
                int k=st.wDay;
                int l=st.wHour;
                int m=st.wMinute;
                int n=st.wSecond*1000;
                int x=st.wMilliseconds;
                n=n+x;
            sendbyte[0]=0x68;
            sendbyte[1]=0x14;
            sendbyte[2]=recbyte[2];
            sendbyte[3]=recbyte[3];
            sendbyte[4]=recbyte[4];
            sendbyte[5]=recbyte[5];
            sendbyte[6]=0x67;
            sendbyte[7]=0x01;
```

```
                sendbyte[8]=0x06;
                sendbyte[9]=0x00;
                sendbyte[10]=recbyte[10];
                sendbyte[11]=recbyte[11];
                sendbyte[12]=0x00;
                sendbyte[13]=0x00;
                sendbyte[14]=0x00;
                sendbyte[15]=(BYTE) n&0xff;
                sendbyte[16]=n>>8;
                sendbyte[17]=(BYTE) m&0xff;
                sendbyte[18]=(BYTE) l&0xff;
                sendbyte[19]=(BYTE) k&0xff;
                sendbyte[20]=(BYTE) j&0xff;
                sendbyte[21]=(BYTE) i&0xff;
                ::send(CurSock,(const char *)sendbyte,22,0);
            }
```
///以上为心跳包接收和校时处理 20131212////////////////////////////////////
```
            if ( recbyte[0]==0x68 && recbyte[1]==0x14 &&
recbyte[6]==0x67 && recbyte[7]==0x01 && recbyte[8]==0x07 &&
recbyte[9]==0x00)//未做和校验
            { //recbyte[198]='\r';
            // recbyte[199]='\n';
               strB="";
               for(i=0;i<(recbyte[1]+2);i++)
               { strB.Format("%02x",recbyte[i]);
                   filebuf+=strB;
               }//文件拼接
                   filebuf+="\r\n";
            }
```
///以上为校时确认回复处理 20131214//
```
            if ( recbyte[0]==0x68 && recbyte[6]==0x01 &&
recbyte[8]==0x03 && recbyte[9]==0x00 )//未做和校验
```

```
{ //recbyte[198]='\r';
// recbyte[199]='\n';
    strB="";
    for(i=0;i<(recbyte[1]+2);i++)
    { strB.Format("%02x",recbyte[i]);
        filebuf+=strB;
    }//文件拼接
        filebuf+="\r\n";
    }
///////////////////////////以上为遥信变位帧 20131214
//////////////////////////////////////////////
if ( recbyte[0]==0x68 && recbyte[6]==0x1e && recbyte[8]==0x03 &&
recbyte[9]==0x00 )//未做和校验
    { //recbyte[198]='\r';
// recbyte[199]='\n';
    strB="";
    for(i=0;i<(recbyte[1]+2);i++)
    { strB.Format("%02x",recbyte[i]);
        filebuf+=strB;
    }//文件拼接
        filebuf+="\r\n";
    send10[0]=0x68;
    send10[1]=0x04;
    send10[2]=0x01;
    send10[3]=0x00;
    send10[4]=recbyte[4];
    send10[5]=recbyte[5];
    ::send(CurSock,(const char *)send10,sizeof(send10),0);
    }
///////////////////////////以上为遥信变位 soe20131214
//////////////////////////////////////////////
        if ( recbyte[0]==0x68 && recbyte[1]==0x40 &&
recbyte[6]==0x09 && recbyte[8]==0x03 && recbyte[9]==0x00 )//未做和
校验
```

```
{ //recbyte[198]='\r';
// recbyte[199]='\n';
  strB="";
  for(i=0;i<(recbyte[1]+2);i++)
  { strB.Format("%02x",recbyte[i]);
    filebuf+=strB;
  }//文件拼接
      filebuf+="\r\n";
send10[0]=0x68;
send10[1]=0x04;
send10[2]=0x01;
send10[3]=0x00;
send10[4]=recbyte[4];
send10[5]=recbyte[5];
::send(CurSock,(const char *)send10,sizeof(send10),0);
if (T_flag==1)
{
sendbyte[0]=0x68;
sendbyte[1]=0x0e;
sendbyte[2]=recbyte[2];
sendbyte[3]=recbyte[3];
sendbyte[4]=recbyte[4];
sendbyte[5]=recbyte[5];
sendbyte[6]=0x64;
sendbyte[7]=0x01;
sendbyte[8]=0x06;
sendbyte[9]=0x00;
sendbyte[10]=recbyte[10];
sendbyte[11]=recbyte[11];
sendbyte[12]=0x00;
sendbyte[13]=0x00;
sendbyte[14]=0x00;
sendbyte[15]=0x14;
```

```
            ::send(CurSock,(const char *)sendbyte,16,0);
            T_flag=0;
            }
        }
    ///////////////////////////////以上为遥测帧及总召发出 20131216//////
//////////////////////////////////////////////////
            if ( recbyte[0]==0x68 && recbyte[1]==0x0e &&
recbyte[6]==0x64 && recbyte[8]==0x07 && recbyte[9]==0x00 )//未做和
校验
            { //recbyte[198]='\r';
            // recbyte[199]='\n';
            strB="";
            for(i=0;i<(recbyte[1]+2);i++)
            { strB.Format("%02x",recbyte[i]);
                filebuf+=strB;
            }//文件拼接
                filebuf+="\r\n";
        /*   send10[0]=0x68;
            send10[1]=0x04;
            send10[2]=0x01;
            send10[3]=0x00;
            send10[4]=recbyte[4];
            send10[5]=recbyte[5];
            ::send(CurSock,(const char *)send10,sizeof(send10),0);*/
            }
    //////////////////////////////以上为总召回复 20131216//////////////
//////////////////////////////////////////////////
            if ( recbyte[0]==0x68 && recbyte[6]==0x01 &&
recbyte[8]==0x14 && recbyte[9]==0x00 )//未做和校验
            { //recbyte[198]='\r';
            // recbyte[199]='\n';
            strB="";
            for(i=0;i<(recbyte[1]+2);i++)
            { strB.Format("%02x",recbyte[i]);
```

```
                        filebuf+=strB;
                }//文件拼接
                    filebuf+="\r\n";
        /*    send10[0]=0x68;
            send10[1]=0x04;
            send10[2]=0x01;
            send10[3]=0x00;
            send10[4]=recbyte[4];
            send10[5]=recbyte[5];
            ::send(CurSock,(const char *)send10,sizeof(send10),0);*/
                }
        ////////////////////////////////以上为DTU发遥信帧20131216
//////////////////////////////////////////
                if ( recbyte[0]==0x68 && recbyte[6]==0x09 &&
recbyte[8]==0x14 && recbyte[9]==0x00 )//未做和校验
            { //recbyte[198]='\r';
            // recbyte[199]='\n';
                strB="";
                for(i=0;i<(recbyte[1]+2);i++)
                { strB.Format("%02x",recbyte[i]);
                    filebuf+=strB;
                }//文件拼接
                filebuf+="\r\n";
        /*    send10[0]=0x68;
            send10[1]=0x04;
            send10[2]=0x01;
            send10[3]=0x00;
            send10[4]=recbyte[4];
            send10[5]=recbyte[5];
            ::send(CurSock,(const char *)send10,sizeof(send10),0);*/
                }
        //////////////////////以上为DTU发总召 遥测20131216/////////
/////////////////////////////////////////////
```

```
        if ( recbyte[0]==0x68 && recbyte[6]==0x64 &&
recbyte[8]==0x0a && recbyte[9]==0x00 && recbyte[15]==0x14 )//未做和
校验
        { //recbyte[198]='\r';
        // recbyte[199]='\n';
            strB="";
            for(i=0;i<(recbyte[1]+2);i++)
            {    strB.Format("%02x",recbyte[i]);
                filebuf+=strB;
            }//文件拼接
                filebuf+="\r\n";
        send10[0]=0x68;
        send10[1]=0x04;
        send10[2]=0x01;
        send10[3]=0x00;
        send10[4]=recbyte[4];
        send10[5]=recbyte[5];
        ::send(CurSock,(const char *)send10,sizeof
            (send10),0);
        }
        /////////////////////以上为DTU发总召结束20131216/////////
///////////////////////////////////////////
            }
        else
        {
            GetLocalTime(&st);
            // time =CTime::GetCurrentTime();
            strTime="0";
            strTime.Format("%d%02d%02d%02d%02d%02d%03d",st.
wYear,st.wMonth,st.wDay,st.wHour,st.wMinute,st.wSecond,st.wMillis
econds);
            //  strTime.Format("%d%02d%02d%02d%02d%02d",
time.GetYear(),time.GetMonth(),time.GetDay(),time.GetHour(),time.
GetMinute(),time.GetSecond());
```

```
                char pFileName[40];
                CString FileName="c:\\dtudata\\"+strTime+".txt";
                int fileNameLength = FileName.GetLength();
                for(int i=0; i < fileNameLength ; i++)
                {
                   pFileName[i] = FileName.GetAt(i);
                                    // CString -> string
                   //if( pFileName[i] == ':')
                                            // 剔除':'等不能作为文件名的符号
                   //    pFileName[i] = '-';
                }
                pFileName[i] = '\0';
                    file.Open (pFileName,CFile::modeCreate |
CFile::modeNoTruncate | CFile::modeWrite|CFile::shareDenyRead );
            // file.SeekToEnd();
                file.Write(filebuf, filebuf.GetLength() );
                file.Flush();
                file.Close();
                filebuf="";
            if ( recbyte[0]==0x68 && recbyte[1]==0x13 &&
recbyte[6]==0xb4 && recbyte[15]==0xeb && recbyte[16]==0x90 &&
recbyte[17]==0xeb && recbyte[18]==0x90 )//未做和校验
                { //recbyte[198]='\r';
                // recbyte[199]='\n';
                    strB="";
                    for(i=0;i<(recbyte[1]+2);i++)
                    { strB.Format("%02x",recbyte[i]);
                        filebuf+=strB;
                    }//文件拼接
                        filebuf+="\r\n";
            // filebuf+=(char *)recbyte;
     //拼接帧，返回帧
                send10[0]=0x68;
                send10[1]=0x04;
```

```
                    send10[2]=0x07;
                    send10[3]=0x00;
                    send10[4]=0x00;
                    send10[5]=0x00;
                    ::send(CurSock,(const char *)send10,sizeof
                    (send10),0);
                }
```

//以上是采集器登入服务器起
始帧 OK//

```
            if ( recbyte[0]==0x68  &&  recbyte[1]==0x04  &&
recbyte[2]==0x0b  &&  recbyte[3]==0x00  &&  recbyte[4]==0x00  &&
recbyte[5]==0x00)//未做和校验
            { //recbyte[198]='\r';
            // recbyte[199]='\n';
                strB="";
                for(i=0;i<(recbyte[1]+2);i++)
                { strB.Format("%02x",recbyte[i]);
                    filebuf+=strB;
                }//文件拼接
                    filebuf+="\r\n";
            // filebuf+=(char *)recbyte;//拼接帧，返回帧
            }
```

//////////////////////////以上为激活确认回复/////////////
//

```
            if ( recbyte[0]==0x68  &&  recbyte[1]==0x22  &&
recbyte[6]==0x09  &&  recbyte[7]==0x04  &&  recbyte[8]==0x03  &&
recbyte[9]==0x00)//未做和校验
            { //recbyte[198]='\r';
            // recbyte[199]='\n';
                strB="";
                for(i=0;i<(recbyte[1]+2);i++)
                {    strB.Format("%02x",recbyte[i]);
                    filebuf+=strB;
                }//文件拼接
```

```
                filebuf+="\r\n";
            GetLocalTime(&st);
            int i=st.wYear-2000;
            int j=st.wMonth;
            int k=st.wDay;
            int l=st.wHour;
            int m=st.wMinute;
            int n=st.wSecond*1000;
            int x=st.wMilliseconds;
            n=n+x;
        sendbyte[0]=0x68;
        sendbyte[1]=0x14;
        sendbyte[2]=recbyte[2];
        sendbyte[3]=recbyte[3];
        sendbyte[4]=recbyte[4];
        sendbyte[5]=recbyte[5];
        sendbyte[6]=0x67;
        sendbyte[7]=0x01;
        sendbyte[8]=0x06;
        sendbyte[9]=0x00;
        sendbyte[10]=recbyte[10];
        sendbyte[11]=recbyte[11];
        sendbyte[12]=0x00;
        sendbyte[13]=0x00;
        sendbyte[14]=0x00;
        sendbyte[15]=(BYTE) n&0xff;
        sendbyte[16]=n>>8;
        sendbyte[17]=(BYTE) m&0xff;
        sendbyte[18]=(BYTE) l&0xff;
        sendbyte[19]=(BYTE) k&0xff;
        sendbyte[20]=(BYTE) j&0xff;
        sendbyte[21]=(BYTE) i&0xff;
            ::send(CurSock,(const char *)sendbyte,22,0);
```

```
                  }
      //////////////////////////////////// 以上为心跳包接收和校时处理
2013 1212/////////////////////////////////////////
              if  (  recbyte[0]==0x68  &&  recbyte[1]==0x14  &&
recbyte[6]==0x67  &&  recbyte[7]==0x01  &&  recbyte[8]==0x07  &&
recbyte[9]==0x00)//未做和校验
              { //recbyte[198]='\r';
              // recbyte[199]='\n';
                strB="";
                for(i=0;i<(recbyte[1]+2);i++)
                {    strB.Format("%02x",recbyte[i]);
                   filebuf+=strB;
                }//文件拼接
                 filebuf+="\r\n";


                }
      ////////////////////////////////////////// 以上为校时确认回复处理
20131214 /////////////////////////////////////
              if  (  recbyte[0]==0x68  &&  recbyte[6]==0x01  &&
recbyte[8]==0x03 && recbyte[9]==0x00 )//未做和校验
              { //recbyte[198]='\r';
              // recbyte[199]='\n';
                strB="";
                for(i=0;i<(recbyte[1]+2);i++)
                { strB.Format("%02x",recbyte[i]);
                   filebuf+=strB;
                }//文件拼接
                   filebuf+="\r\n";
                   }
      /////////////////////////以上为遥信变位帧20131214////////////////////
//////////////////////////////////////
              if  (  recbyte[0]==0x68  &&  recbyte[6]==0x1e  &&
recbyte[8]==0x03 && recbyte[9]==0x00 )//未做和校验
              { //recbyte[198]='\r';
```

```
   // recbyte[199]='\n';
     strB="";
      for(i=0;i<(recbyte[1]+2);i++)
     { strB.Format("%02x",recbyte[i]);
        filebuf+=strB;
     }//文件拼接
        filebuf+="\r\n";
  send10[0]=0x68;
  send10[1]=0x04;
  send10[2]=0x01;
  send10[3]=0x00;
  send10[4]=recbyte[4];
  send10[5]=recbyte[5];
   ::send(CurSock,(const char *)send10,sizeof
     (send10),0);
  }
     /////////////////////////////以上为遥信变位 soe20131214
//////////////////////////////////////////////
            if  ( recbyte[0]==0x68 &&  recbyte[1]==0x40  &&
recbyte[6]==0x09 && recbyte[8]==0x03 && recbyte[9]==0x00 )//未做和
校验
     { //recbyte[198]='\r';
     // recbyte[199]='\n';
       strB="";
        for(i=0;i<(recbyte[1]+2);i++)
        { strB.Format("%02x",recbyte[i]);
          filebuf+=strB;
        }//文件拼接
          filebuf+="\r\n";
  send10[0]=0x68;
  send10[1]=0x04;
  send10[2]=0x01;
  send10[3]=0x00;
  send10[4]=recbyte[4];
```

```
send10[5]=recbyte[5];
::send(CurSock,(const char *)send10,sizeof
  (send10),0);
if (T_flag==1)
{
sendbyte[0]=0x68;
sendbyte[1]=0x0e;
sendbyte[2]=recbyte[2];
sendbyte[3]=recbyte[3];
sendbyte[4]=recbyte[4];
sendbyte[5]=recbyte[5];
sendbyte[6]=0x64;
sendbyte[7]=0x01;
sendbyte[8]=0x06;
sendbyte[9]=0x00;
sendbyte[10]=recbyte[10];
sendbyte[11]=recbyte[11];
sendbyte[12]=0x00;
sendbyte[13]=0x00;
sendbyte[14]=0x00;
sendbyte[15]=0x14;
::send(CurSock,(const char *)sendbyte,16,0);
T_flag=0;
}
}
/////////////////////////////以上为遥测帧和总召发出 20131215
/////////////////////////////////////////////
                if ( recbyte[0]==0x68 && recbyte[1]==0x0e &&
recbyte[6]==0x64 && recbyte[8]==0x07 && recbyte[9]==0x00 )//未做和
校验
                { //recbyte[198]='\r';
                // recbyte[199]='\n';
                  strB="";
                    for(i=0;i<(recbyte[1]+2);i++)
```

```
                { strB.Format("%02x",recbyte[i]);
                    filebuf+=strB;
                }//文件拼接
                    filebuf+="\r\n";
        /*   send10[0]=0x68;
            send10[1]=0x04;
            send10[2]=0x01;
            send10[3]=0x00;
            send10[4]=recbyte[4];
            send10[5]=recbyte[5];
            ::send(CurSock,(const char *)send10,sizeof
            (send10),0);*/
        }
```

/////////////////////////以上为总召回复 20131216 ////////
///

```
            if ( recbyte[0]==0x68 && recbyte[6]==0x01 &&
recbyte[8]==0x14 && recbyte[9]==0x00 )//未做和校验
            {
                strB="";
                for(i=0;i<(recbyte[1]+2);i++)
                { strB.Format("%02x",recbyte[i]);
                    filebuf+=strB;
                }//文件拼接
                    filebuf+="\r\n";
            }
```

/////////////////以上为 DTU 发遥信帧 20131216 //////////
///

```
            if ( recbyte[0]==0x68 && recbyte[6]==0x09 &&
recbyte[8]==0x14 && recbyte[9]==0x00 ) //未做和校验
            {    strB="";
                for(i=0;i<(recbyte[1]+2);i++)
                { strB.Format("%02x",recbyte[i]);
                    filebuf+=strB;
                }//文件拼接
```

```
                    filebuf+="\r\n";


            }
    /////////////////////////以上为 DTU 发总召遥测 20131216//////////
//////////////////////////////////////////////
            if ( recbyte[0]==0x68 && recbyte[6]==0x64 &&
recbyte[8]==0x0a && recbyte[9]==0x00 && recbyte[15]==0x14 )//未做和
校验
            {
                strB="";
                for(i=0;i<(recbyte[1]+2);i++)
                { strB.Format("%02x",recbyte[i]);
                    filebuf+=strB;
                }//文件拼接
                    filebuf+="\r\n";
            send10[0]=0x68;
            send10[1]=0x04;
            send10[2]=0x01;
            send10[3]=0x00;
            send10[4]=recbyte[4];
            send10[5]=recbyte[5];
            ::send(CurSock,(const char *)send10,sizeof(send10),0);
            }
    /////////////////////////以上为 DTU 发总召结束 20131216//////////
//////////////////////////////////////////////
            x=1

        }

    }
    break;

}

}
```

读者在阅读以上程序时,需要事先了解 101/104 协议内容。另外,需要具有 C++编程语言基础。这也反映出物联网工程技术对专业知识要求的跨度很大。前端监控程序运行界面如图 5-2 所示。

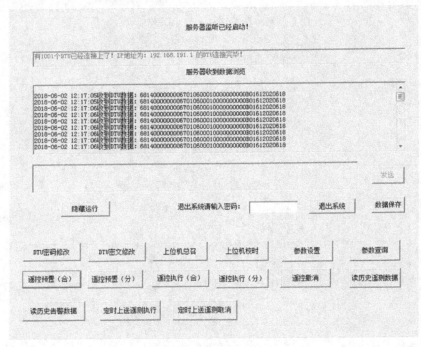

图 5-2　前端监控程序运行界面

5.2　异步通信模型

5.2.1　IOCP 模型

IOCP(I/O Completion Port)即输入输出完成端口,IOCP 模型是一种网络通信模型,适合异步并发操作。该模型可以高效地将 I/O 事件通知给应用程序。一个套接字 socket 与一个完成端口关联起来后,就可以进行正常的 WinSock 操作。当一个事件发生时,此完成端口就将被操作系统加入一个队列中,然后应用程序可以对核心层进行查询以得到此完成端口数据。

IOCP 模型的优缺点如下。

(1) 优点。

① 能帮助维持重复使用的内存池。

② 帮助开发者完成删除线程、创建线程以及管理和分配现场的工作。

③ 控制并发，完成最小化的线程上下文切换。

④ 优化线程调度，提高 CPU 和内存缓冲的命中率。

(2) 缺点。

该模型有一定难度，编码的复杂度较高，对使用者有一定要求。目前 C# 中有代码提供了 SocketAsyncEventArgs 类，它封装了 IOCP 的使用，降低了使用者的技术要求。

读者需要掌握同步与异步、阻塞与非阻塞、重叠 I/O 技术、多线程、栈、队列等概念后才能对 IOCP 模型有深入理解。

(3) IOCP 相关的 API 函数。

① 与 SOCKET 相关。

a. 链接套接字动态链接库：int WSAStartup(...)。

b. 创建套接字库：SOCKET socket(...)。

c. 绑字套接字：int bind(...)。

d. 套接字设为监听状态：int listen(...)。

e. 接收套接字：SOCKET accept(...)。

f. 向指定套接字发送信息：int send(...)。

g. 从指定套接字接收信息：int recv(...)。

② 与线程相关。

创建线程：HANDLE CreateThread(...)。

③ 重叠 I/O 技术相关。

a. 向套接字发送数据：int WSASend(...)。

b. 向套接字发送数据包：int WSASendTo(...)。

c. 从套接字接收数据：int WSARecv(...)。

d. 从套接字接收数据包：int WSARecvFrom(...)。

④ IOCP 相关。

a. 创建/关联完成端口：HANDLE WINAPI CreateIoCompletionPort(...)。

b. 获取队列完成状态：BOOL WINAPI GetQueuedCompletionStatus(...)。

c. 投递一个队列完成状态：BOOL WINAPI PostQueuedCompletionStatus(...)。

5.2.2　EPoll 模型

EPoll 模型是 Linux 下异步通信采用的模型，用于处理服务端的并发问题。当服务端的在线客户越来越多时，就会导致系统资源紧张，I/O 效率越来越慢。EPoll 是 Linux 内核为处理大批句柄而对 select/poll 做的改进，是 Linux 特有的 I/O 函数，它具有以下特点。

(1) EPoll 是 Linux 下多路复用 I/O 接口 select/poll 的增强版本。其实现和使用方式与 select/poll 有很多不同，EPoll 通过一组函数(而不是一个函数)来完成有关任务。

(2) EPoll 之所以高效，是因为 EPoll 将用户关心的文件描述符放到内核里的一个事件表中，而不是像 select/poll 那样每次调用都需重复传入文件描述符集或事件集。当一个事件(如读事件)发生，EPoll 无须遍历整个被侦听的描述符集，只要遍历那些被内核 I/O 事件异步唤醒而加入就绪队列的描述符集合就行了。

(3) EPoll 有两种工作方式，LT(level triggered)水平触发和 ET(edge-triggered)边沿触发模式。LT 是 select/poll 使用的触发方式，比较低效，而 ET 是 epoll 的高速工作方式。

EPoll 模型是比较高效的通信方法，建议读者自己深入研究，网上有很多资源可以参考。

小　结

本章介绍了物联网工程中前端监控程序的异步编程方式，并给出 Windows 下的编程架构和例子。前端监控程序是物联网工程技术中的喉舌，其异步并发处理能力至关重要。同时简单介绍了 IOCP 模型和 EPoll 模型，这两个模型目前分别是 Windows 下和 Linux 下最好的两个异步通信模型。读者在开发类似程序时可以重点研究。

　　本章给出的异步通信案例，具有很强的参考意义。

思　　考

1. 前端监控程序主要完成什么功能？其最重要的性能要求是什么？
2. WSAAsyncSelect()函数如何定义和使用？
3. 什么是 IOCP 模型？
4. 什么是 EPoll 模型？

第 **6** 章　数据库设计

本章介绍了在数量众多的监测点数据采集系统中如何建立数据库的方法。这些监测点之间是独立的，数据保存的格式是一致的。因此，每个监测点采集的数据都可以独立建表，以保证在数据表格增长到一定的情况下，还可以快速检索到所需要的数据。本章给出独立建立库表的例子，希望读者可以通过本案例的学习，掌握这种方法。同时，还介绍了数据库操作的存储过程和数据库连接代码。最后，介绍了 DTU 数据查询部分代码供读者参考。

研究目标

掌握根表和分支表建立方法；
掌握故障状态机表作用与建立方法；
掌握数据库存储过程和连接代码；
掌握 DTU 数据查询和曲线绘制方法。

理论要求

知识要点	读者要求	相关知识
根表	(1) 独立监测点概念与监测信息内容 (2) 根表建立与独立监测点关系 (3) 根表包含的数据字段和分支关系	掌握根表建立方法
分支表、故障状态机表	(1) 分支表字段与自动建表方法 (2) 故障状态机表与字段	掌握分支表建立与故障状态机表建立方法
数据库存储过程	(1) 存储过程定义与使用 (2) 存储过程例子	掌握存储过程定义与使用

推荐阅读资料

1. http://www.microsoft.com/zh-cn/sql-server/sql-server-2016. (2019,12,13)

2. http://www.runoob.com/sql/sql-select.html(SQL 语法学习，2020,5,13).

3. https://wenku.baidu.com/view/9b9951df6f1aff00bed51e8a.html (经典 SQL 语法学习，2020,7,16).

4. http://www.runoob.com/java/java-tutorial.html (java 教程，2020,8,9).

5. http://www.runoob.com/jsp/jsp-intro.html (JSP 教程，2020,3,21).

6.1 数据库表格设计

6.1.1 独立建表

在 10kV 配电网电力监测系统中，如果监测点数量比较庞大，而且数据采样的间隔也比较小，如 1～5 分钟采样一次，那么，随着时间推移，这些监测点所形成的监测数据量是比较大的。假如一个监测点采样间隔是 3 分钟，则这个监测点一天的数据记录条数是 480 条，一年数据量可达到 175200 条。如果有 1000 个监测点同时采集数据，则一年数据记录条数可以达到 175200*1000 条。这些数据量其实还没有考虑到监测点与后台之间的交互数据和监测点自身状态的监测数据。可见，如果不采取一定方法，这些监测点的海量数据若放在一张表格中，随着时间推移，数据库操作性能就会严重下降，最终影响使用。

1. 根表

首先，建立设备根表。根表主键编号以 dtu_XXXX 表示。其中 X 为 16 进制数，如 dtu_0EF1。根表的名字为 dtu_NB，字段有：dtu_id，dtu_X，dtu_Y，dtu_Z，dtu_tel，dtu_ilim，dtu_tlim，dtu_image，dtu_time 等字段。根表结构如图 6-1 所示。

系统中每添加一个监测点，在 dtu_NB 中就自动添加一条监测点编号记录，dtu_NB 数据记录图如图 6-2 所示。

这样，在根表中建立的以 dtu_ID 为字段的编号，其数字部分就是实际监测点的地址编号。有了这个编号，结合 101/104 协议内容，就可以确定通信协议中设备地址编号，再经过协议解析后，就可以将数据写入对应的数据库表格中。

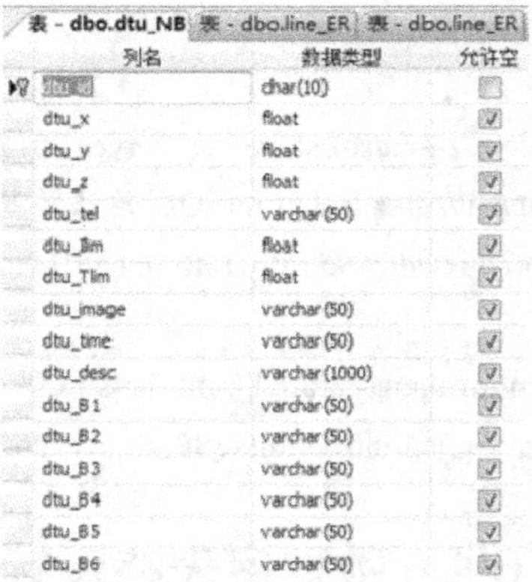

	列名	数据类型	允许空
▶🔑	dtu_id	char(10)	☐
	dtu_x	float	☑
	dtu_y	float	☑
	dtu_z	float	☑
	dtu_tel	varchar(50)	☑
	dtu_Ilim	float	☑
	dtu_Tlim	float	☑
	dtu_image	varchar(50)	☑
	dtu_time	varchar(50)	☑
	dtu_desc	varchar(1000)	☑
	dtu_B1	varchar(50)	☑
	dtu_B2	varchar(50)	☑
	dtu_B3	varchar(50)	☑
	dtu_B4	varchar(50)	☑
	dtu_B5	varchar(50)	☑
	dtu_B6	varchar(50)	☑

图 6-1　根表结构

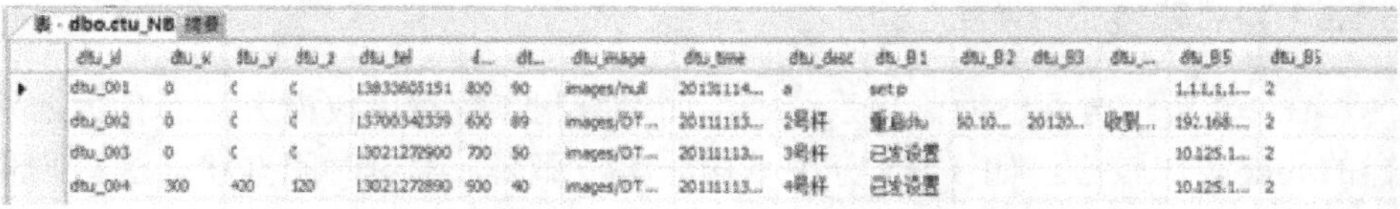

	dtu_id	dtu_x	dtu_y	dtu_z	dtu_tel	d...	dt...	dtu_image	dtu_time	dtu_desc	dtu_B1	dtu_B2	dtu_B3	dtu...	dtu_B5	dtu_B6
▶	dtu_001	0	(	(	13833603151	800	90	images/null	20130114...	a	set p				1.1.1.1...	2
	dtu_002	0	(	(	13700342339	600	80	images/DT...	20111113...	2号杆	重启dtu	50.10...	20120...	收到...	192.168...	2
	dtu_003	0	(	(	13021272900	700	50	images/DT...	20111113...	3号杆	已发设置				10.125.1...	2
	dtu_004	300	400	120	13021272890	900	40	images/DT...	20111113...	4号杆	已发设置				10.125.1...	2

图 6-2　dtu_NB 数据记录图

2. 监测分支表

其次，在建立根表后，每当向表 dtu_NB 中添加一条记录，就同时创建 3 个表，分别是 dtu_xxxx_1、dtu_xxxx_2、dtu_xxxx_3，这 3 个表保存实时监测数据。其中，dtu_xxxx_1 表示监测点的第 1 支路监测数据表，dtu_xxxx_2 表示监测点的第 2 支路监测数据表，dtu_xxxx_3 表示监测点的第 3 支路监测数据表。每个表的结构如图 6-3 所示。图 6-4 所示为其记录图。

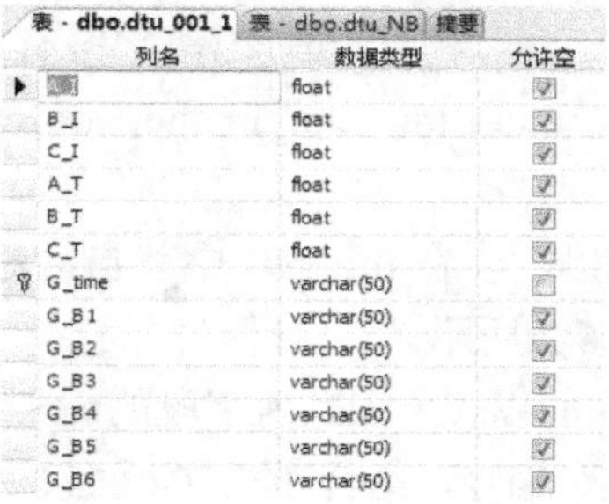

	列名	数据类型	允许空
▶	A_I	float	☑
	B_I	float	☑
	C_I	float	☑
	A_T	float	☑
	B_T	float	☑
	C_T	float	☑
🔑	G_time	varchar(50)	☐
	G_B1	varchar(50)	☑
	G_B2	varchar(50)	☑
	G_B3	varchar(50)	☑
	G_B4	varchar(50)	☑
	G_B5	varchar(50)	☑
	G_B6	varchar(50)	☑

图 6-3　dtu_001_1 结构图

表 - dbo.dtu_001_1 | 表 - dbo.dtu_NB | 摘要

A_I	B_I	C_I	A_T	B_T	C_T	G_time	G_B1	G_B2	G_B3	G_B4	G_B5	G_B6
12	13	12	30	31	32	201209081234	NULL	NULL	NULL	NULL	NULL	NULL
13	12	14	30	31	31	201209081239	NULL	NULL	NULL	NULL	NULL	NULL
12	12	13	30	31	31	201209081244	NULL	NULL	NULL	NULL	NULL	NULL

图 6-4　dtu_001_1 记录图

这个表存放三相同步测量出的电流值和对地电场值及线路温度值；该表也保存线路发生故障时的线路编号和故障时的电流值、对地电场值、温度值；该表同时保存指示器电池电压和内部充电参数及 dtu 参数。

监测点分支表建立过程、删除过程与备份过程逻辑上要联合操作，在根表中要有动态变化。

3. 故障状态机表

该表保存线路发生故障时的故障状态值。故障状态机表结构如图 6-5 所示。故障状态机表内容如图 6-6 所示。

表 - dbo.line_ER | 表 - dbo.dtu_001_1 | 表 - dbo.dtu_N

列名	数据类型	允许空
Line_N	char(10)	☐
A_I_ER	varchar(5)	☑
B_I_ER	varchar(5)	☑
C_I_ER	varchar(5)	☑
A_T_ER	varchar(5)	☑
B_T_ER	varchar(5)	☑
C_T_ER	varchar(5)	☑
S_P_A	varchar(5)	☑
S_P_B	varchar(5)	☑
S_P_C	varchar(5)	☑
L_ER_time	varchar(50)	☑
ER_B1	varchar(1000)	☑
ER_B2	varchar(50)	☑
ER_B3	varchar(50)	☑
ER_B4	varchar(50)	☑
ER_B5	varchar(50)	☑
ER_B6	varchar(50)	☑

图 6-5　故障状态机表结构

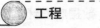

Line_N	A...	B_...	C_I_ER	A_T_ER	B_T...	C_T_ER	S_...	S...	S_...	L_ER_time	ER_B1	ER_B2	ER_B3
dtu_001_1	0	0	0	0	0	0	0	0	0			0	0
dtu_001_2	0	0	0	0	0	0	0	0	0				
dtu_001_3	0	0	0	0	0	0	0	0	0			0	0
dtu_002_1	0	0	0	0	0	0	1	1	1	20120311083...	20120...	0	1
dtu_002_2	0	0	0	0	0	0	1	1	1	20120311083...	20120...	0	0
dtu_002_3	0	0	0	0	0	0	1	1	1	20120311083...	20120...	0	0
dtu_003_1	0	0	0	0	0	0	1	1	1	20120103214...	20120...	0	0
dtu_003_2	0	0	0	0	0	0	1	1	1	20120103214...	20120...	0	1
dtu_003_3	0	0	0	0	0	0	1	1	0	201111160007	20111...	0	1

图 6-6　故障状态机表内容

故障状态机表中，0 表示无故障，1 表示有故障。

6.1.2　监测点关系

在监测点根表中动态添加监测点，每个监测点数据属性一样，监测点之间数据获取具有独立性，部分监测点之间安装位置具有逻辑关系，采用三叉树结构描述它们之间的逻辑关系。在故障反演算法中也刻画了它们之间的逻辑关系。

在 SQL server 中，一个数据库最多可以创建 20 亿个表，每个表最多可以定义 1024 个列（字段），每行最多可以存储 8060 个字节，表的行数及总大小仅受可用存储空间的限制。所以，独立建表在数据量很大时可以有效提高数据操作的时效性。

本数据库中还有用户登录密码表等辅助表格，在此不一一介绍。

6.2　数据库存储过程与代码分析

6.2.1　数据库存储过程

1. 存储过程

存储过程(Stored Procedure)是一组为了完成特定功能的 SQL 语句集，它存储在数据库中，经过第一次编译后再次调用不需要再编译，用户通过指定存储过程的名字并给出参数(如果该存储过程带有参数)来执行它。存储过程是数据库中的一个重要对象，在大型数据库系统中为提高数据库执行效率经常会用到。本数据库系统中就用到了大量数据库存储过程来提高系统执行效率和安全性。图 6-7 展示了系统中用到的部分存储过程。

图 6-7 存储过程

2. 部分存储过程定义

(1) dtu_data 存储过程定义。

```
set ANSI_NULLS ON
set QUOTED_IDENTIFIER ON
go
ALTER    PROCEDURE    [dbo].[dtu_data]
        @TABLENAME1 VARCHAR(30), @num1 VARCHAR(30), @num2 VARCHAR(30)
    AS
    DECLARE    @SQL1   VARCHAR ( 1000 )
    SET     @SQL1 = ' SELECT   A_T,B_T,C_T, A_I,B_I,C_I, G_time
FROM' + @TABLENAME1 + 'where G_time between'+@num1+'and'+@num2+'  '
    EXEC    (@SQL1)
```

(2) DTUTABLECOPY 存储过程定义。

```
set ANSI_NULLS ON
set QUOTED_IDENTIFIER ON
go
ALTER    PROCEDURE    [dbo].[DTUTABLECOPY]
```

```
            @TABLENAME1    VARCHAR ( 30 ) , @TABLENAME2    VARCHAR ( 30 ) ,
@TABLENAME3    VARCHAR ( 30 ) , @TABLENAME4    VARCHAR ( 30 ) ,
@TABLENAME5    VARCHAR ( 30 ) , @TABLENAME6    VARCHAR ( 30 ) ,
@TABLENAME7    VARCHAR ( 30 ) , @TABLENAME8    VARCHAR ( 30 )
      AS
        DECLARE    @SQL1    VARCHAR ( 1000 ) , @SQL2  VARCHAR ( 1000 ),
@SQL3   VARCHAR ( 1000 ) , @SQL4  VARCHAR ( 1000 )
      SET   @SQL1 =' SELECT * INTO'+@TABLENAME1+'FROM'+@TABLENAME2
   SET   @SQL2 = 'SELECT * INTO'+ @TABLENAME3 + ' FROM ' + @TABLENAME4
   SET   @SQL3 ='SELECT * INTO'+ @TABLENAME5 + ' FROM ' + @TABLENAME6
   SET   @SQL4 ='SELECT * INTO'+ @TABLENAME7 + ' FROM ' + @TABLENAME8
EXEC   (@SQL1)
EXEC   (@SQL2)
EXEC   (@SQL3)
EXEC   (@SQL4)
```

从以上定义内容和分析可以看出，所谓的数据库存储过程其概念实质就是对应于一般语言中的函数定义。通过函数形式的定义和执行，提高了数据库指令执行的效率和可靠性。

6.2.2 数据库连接代码与案例分析

在操作数据库前，需要连接数据库。数据库连接代码 JSP 案例如下所示，通过此具体内容，希望读者可以掌握数据库连接代码部分。

【例 1】 对数据库名字为 hnhbdtu_DataBase 的连接

```
<%@ page contentType="text/html;charset=GB2312" language="java" %>
<%@ page import="java.sql.*"%>
<html>
<head><title>DTU 坐标与详细描述信息</title></head>
<body >
<%
    String a="";
    String b="";
    Connection conn=null;
    try
    {
```

```
        Class.forName("com.microsoft.sqlserver.jdbc.
SQLServerDriver");
        String strConn="jdbc:sqlserver://localhost:1433;
DatabaseName=hnhbdtu_DataBase";//数据库连接代码
        String strUser="dtu";
        String strPassword="dtu";
        conn=DriverManager.getConnection(strConn,strUser,
strPassword);
        String dtu_id=request.getParameter("dtu_id").trim();
        String strSql="SELECT dtu_id,dtu_x,dtu_y,dtu_z,dtu_desc
FROM dtu_NB where dtu_id=? ";
        PreparedStatement stmt=conn.prepareStatement(strSql);
        stmt.setString(1,dtu_id);
        ResultSet rs=stmt.executeQuery();
    %>
    <center><h2>DTU 坐标与详细描述信息</h2></center>
    <table width="782" border="2" align="center" bordercolor=
"#99CCFF" cellpadding="0" cellspacing="0" style="border-collapse:
collapse" >
        <tr>
            <th>DTU 编号</th>
            <th>X 坐标</th>
            <th>Y 坐标</th>
            <th>Z 坐标</th>
            <th>杆号详细信息</th>
        </tr>
        <%if(rs.next()){%>
        <tr bgcolor="lightblue">
            <td align="center"><%= rs.getString("dtu_id") %></td>
                <td align="center"><%= rs.getString("dtu_x") %></td>
                    <td align="center"><%= rs.getString("dtu_y") %></td>
                    <td align="center"><%= rs.getString("dtu_z") %></td>
                        <td align="center"><%= rs.getString("dtu_desc") %></td>
        </tr>
        <% } else{a="该编号没有使用或不存在，无进一步详细信息!";}%>
        <tr bgcolor="lightblue">
```

```
    <td align="center"><%=a %></td>
  </tr>
  <%
    rs.close();
    stmt.close();
    conn.close();
  }
  catch(ClassNotFoundException e)
  {
    out.println(e.getMessage());
  }
  catch(SQLException e)
  {
  out.println("系统不存在这个编号或没有启用，无法查询！");
  //out.println(e.getMessage());
  }
 %>
</table>
</body>
 <jsp:include page="copyright.jsp" flush="true"/>
</html>
```

【例2】 数据库表格备份操作(存储过程使用)

JSP 代码如下：

```
<%@ page contentType="text/html;charset=gb2312" %>
<%@ page import="java.sql.*" %>
<%
    String admin_name=(String) session.getAttribute("admin_name");
    if(admin_name==null || admin_name=="")
    {
        out.println("<script language='javascript'>alert('请先登
录!');window.location.href='index.jsp';</script>");
    }
    else
    {   try{
        Connection conn=null;
```

```
    Class.forName("com.microsoft.sqlserver.jdbc.SQLServerDriver");
    String strConn="jdbc://localhost:1433;DatabaseName=
                   hnhbdtu_DataBase";
    String strUser="dtu";
    String strPassword="dtu";
    conn=DriverManager.getConnection(strConn,strUser,
                                     strPassword);
    Statement stmt=conn.createStatement();
    String dtu_id=request.getParameter("dtu_id").trim();
String dtu_id_copy1=dtu_id+"_1copy";
String dtu_id_old1=dtu_id+"_1";
String dtu_id_copy2=dtu_id+"_HBcopy";
String dtu_id_old2=dtu_id+"_HB";
String dtu_id_copy3=dtu_id+"_2copy";
String dtu_id_old3=dtu_id+"_2";
String dtu_id_copy4=dtu_id+"_3copy";
String dtu_id_old4=dtu_id+"_3";
CallableStatement cstate=conn.prepareCall("{call DTUTABLECOPY
(?,?,?,?,?,?,?,?)}");//存储过程使用
    cstate.setString(1,dtu_id_copy1);
    cstate.setString(2,dtu_id_old1);
    cstate.setString(3,dtu_id_copy2);
    cstate.setString(4,dtu_id_old2);
    cstate.setString(5,dtu_id_copy3);
    cstate.setString(6,dtu_id_old3);
    cstate.setString(7,dtu_id_copy4);
    cstate.setString(8,dtu_id_old4);
    cstate.executeUpdate();
  cstate=conn.prepareCall("{call DTUTABLEDROP(?,?,?,?)}");//存
储过程使用
    cstate.setString(1,dtu_id_old1);
    cstate.setString(2,dtu_id_old2);
    cstate.setString(3,dtu_id_old3);
    cstate.setString(4,dtu_id_old4);
    cstate.executeUpdate();
    String sql="delete dtu_NB where dtu_id='"+dtu_id+"'";
```

```
    int temp=stmt.executeUpdate(sql);
    String dtu_id_1=dtu_id+"_1";
    sql="delete line_ER where Line_N='"+dtu_id_1+"'";
    temp=stmt.executeUpdate(sql);
     dtu_id_1=dtu_id+"_2";
    sql="delete line_ER where Line_N='"+dtu_id_1+"'";
    temp=stmt.executeUpdate(sql);
     dtu_id_1=dtu_id+"_3";
    sql="delete line_ER where Line_N='"+dtu_id_1+"'";
    temp=stmt.executeUpdate(sql);
     if(temp!=0)
    {
        out.println( "<HTML><HEAD><META http-equiv='refresh' content=
'1; URL=admin_index.jsp' target=Main></HEAD><BODY bgcolor='#FFFFFF'>
</body></html>");
        %>
            <jsp:include page="delete_ok.html" flush="true"/>
        <%
    }
    stmt.close();
    conn.close();
    }
    catch(SQLException e)
    {
        out.println("输入格式错误或编号还没有启动，请重新输入！");
    }
    }
  %>
```

【例3】 电流存储过程与电流曲线图绘制

```
<%@ page contentType="text/html;charset=GB2312" language="java" %>
<%@ page import="java.sql.*"%>
<%@ page import ="java.awt.*,
java.text.SimpleDateFormat,
javax.swing.JPanel,
org.jfree.chart.ChartFactory,
```

```
org.jfree.chart.ChartPanel,
org.jfree.chart.JFreeChart,
org.jfree.chart.axis.DateAxis,
org.jfree.chart.plot.XYPlot,
org.jfree.chart.renderer.xy.XYItemRenderer,
org.jfree.chart.renderer.xy.XYLineAndShapeRenderer,
org.jfree.data.time.*,
org.jfree.data.time.TimeSeries,
org.jfree.data.time.TimeSeriesCollection,
org.jfree.data.xy.XYDataset"%>
<%@ page import="org.jfree.chart.servlet.ServletUtilities"%>
<%@ page import="java.util.*"%>
<%@ page import ="org.jfree.ui.RectangleInsets"%>
<html>
<head><title>DTU 支路电流曲线</title></head>
<%  String desc="";
    String num="";
    String str="";
    Connection conn=null;
    String dtu_id=request.getParameter("dtu_id").trim();
    String ri=request.getParameter("ri");
    int samp_v=Integer.parseInt(request.getParameter("samp"));
     //new added
    int ri1=Integer.parseInt(request.getParameter("ri"));
    int dui1=Integer.parseInt(request.getParameter("dui"));
    int coun_t=60/samp_v;//new added 每小时采样次数
    if(ri1==2) {num="1 小时";ri=String.valueOf(coun_t*1); }
    else if(ri1==3) {num="2 小时";ri=String.valueOf(coun_t*2); }
    else if(ri1==48) {num="3 小时";ri=String.valueOf(coun_t*3); }
    else if(ri1==96) {num="6 小时";ri=String.valueOf(coun_t*6); }
    else if(ri1==240) {num="12 小时";ri=String.valueOf(coun_t*12); }
    else if(ri1==336) {num="一天";ri=String.valueOf(coun_t*24); }
        else if(ri1==480) {num="二天"; ri=String.valueOf(coun_t*48);}
    else if(ri1==720) {num="五天";ri=String.valueOf(coun_t*120); }
    else if(ri1==1440) {num="一周"; ri=String.valueOf(coun_t*168);}
    else if(ri1==2880) {num="十天";ri=String.valueOf(coun_t*240); }
```

```
    else if(ri1==4320) {num="半个月"; ri=String.valueOf(coun_t*360);}
    else if(ri1==7200) {num="一个月"; ri=String.valueOf(coun_t*720);}
    else if(ri1==8736) {num="三个月"; ri=String.valueOf(coun_t*2160);}
    else if(ri1==17520) {num="半年"; ri=String.valueOf(coun_t*4368); }
    else{num="";}
if(dui1==1)
{
    try
    {   String id=dtu_id.substring(0,7);//20120402added
        Class.forName("com.microsoft.sqlserver.jdbc.
        SQLServerDriver");
        String strConn="jdbc:sqlserver://localhost:1433;DatabaseName=
        hnhbdtu_DataBase";
        String strUser="dtu";
        String strPassword="dtu";
        conn=DriverManager.getConnection(strConn,strUser,
        strPassword);
        Statement stmt=conn.createStatement();//20120402added
        CallableStatement cstate=conn.prepareCall("{call DTUI(?,?)}");
        cstate.setString(1,ri);
        cstate.setString(2,dtu_id);
        ResultSet rs=cstate.executeQuery();
        String strSql="SELECT dtu_desc FROM dtu_NB WHERE dtu_id=
        '"+id+"' ";//20120402added
        ResultSet stmt_rs=stmt.executeQuery(strSql);//20120402added
%>
<%
TimeSeries timeseries = new TimeSeries("A相电流曲线",Minute.class);
  //时间的最小单位为分，线值名是"A相温度曲线"
TimeSeries timeseries1 = new TimeSeries("B相电流曲线",Minute.class);
TimeSeries timeseries2 = new TimeSeries("C相电流曲线",Minute.class);
%>
<%while(rs.next()){%>
<%    float y0=rs.getFloat("A_I");
float y1=rs.getFloat("B_I");
float y2=rs.getFloat("C_I");
```

```
String s=rs.getString("G_time");
//从 yyyyMMddHHmm 时间格式的 char 中取出年月日小时分设为 int 值
int x=Integer.parseInt(s.substring(0,4));//nian
int y=Integer.parseInt(s.substring(4,6));//yue
int z=Integer.parseInt(s.substring(6,8));//ri
int a=Integer.parseInt(s.substring(8,10));//xiaoshi
int b=Integer.parseInt(s.substring(10,12));//fenzhong
timeseries.add(new Minute(b,new Hour(a,new Day(z,y,x))),y0);
timeseries1.add(new Minute(b,new Hour(a,new Day(z,y,x))),y1);
timeseries2.add(new Minute(b,new Hour(a,new Day(z,y,x))),y2);
%>
<% }%>
<%
TimeSeriesCollection dataset = new TimeSeriesCollection();
dataset.addSeries(timeseries);
dataset.addSeries(timeseries1);
dataset.addSeries(timeseries2);
dataset.setDomainIsPointsInTime(true);
%>
    <%//新加
    while(stmt_rs.next()){%>
<%//String desc=stmt_rs.getString("dtu_desc");
desc=stmt_rs.getString("dtu_desc");//全局声明 desc 不在内部声明,解
决局部变量问题
//out.print(desc);
%>
    <% }%>
<%
//设置曲线图
str=dtu_id+"监测点"+num+"电流走势图"+" ("+"监测点详细信息:"+desc+")";
//修改
XYDataset xydataset = (XYDataset) dataset;
JFreeChart chart = ChartFactory.createTimeSeriesChart(
str,//dtu_1 能自动变化
"时间",
"电流值(A)",
```

```
xydataset,
true,
true,
true
);
chart.setBackgroundPaint(Color.white);              //设置曲线图背景色
XYPlot plot = (XYPlot) chart.getPlot();
XYLineAndShapeRenderer xylineandshaperenderer = (XYLineAndShapeRenderer)
 plot.getRenderer();
xylineandshaperenderer.setSeriesPaint(0, new Color(255, 255 ,0));
 //黄 new added
xylineandshaperenderer.setSeriesPaint(1, new Color(0, 255 ,0));
 //绿 new added
xylineandshaperenderer.setSeriesPaint(2, new Color(255, 0 ,0));
 //红 new added
plot.setBackgroundPaint(Color.white);               //设置网格背景颜色
plot.setDomainGridlinePaint(Color.pink);            //设置网格竖线颜色
plot.setRangeGridlinePaint(Color.pink);             //设置网格横线颜色
plot.setAxisOffset(new RectangleInsets(0D, 0D, 0D, 10D));
 //设置曲线图与xy轴的距离，即曲线与xy轴贴近的距离
xylineandshaperenderer.setBaseShapesVisible(true);//设置曲线是否
显示数据点
String filename = ServletUtilities.saveChartAsPNG(chart, 1000,
500, null, session);
String graphURL = request.getContextPath() + "/servlet/
DisplayChart?filename=" + filename;
%>
<center>
<img src="<%= graphURL %>" border=0 usemap="#<%= filename %>">
</center>
    <%    rs=cstate.executeQuery();//重新执行一下，可是beforeFirst()
为什么不能用呢?
    %>
    <%stmt_rs.close();                              //新加
        rs.close();
    stmt.close();                                   //新加
    cstate.close();
        conn.close();
    }
    catch(ClassNotFoundException e)
```

```
{
    out.println(e.getMessage());
}
catch(SQLException e)
{
    //out.println(e.getMessage());
    out.println("输入格式错误或编号对象不存在，请重新输入！");
}
catch(Exception e)
{
out.println("非法输入监测点编号，请查对后重新输入！");
    }
}
else if (dui1==2)
{… …
}
……
else if (dui1==7)
{… …
}
%>
</html>
```

程序运行结果(监测点电流曲线图)如图 6-8 所示。

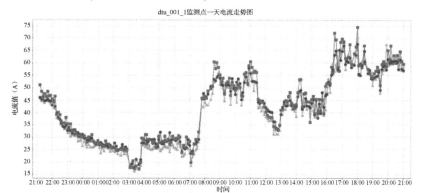

图 6-8　监测点电流曲线图

关于程序中使用数据库进行开发的案例本书就不再举例说明了，读者可以结合物联网工程的要求和自己掌握的编程语言进行相应的开发。

小　　结

本章介绍了具有大量独立监测点在数据采集入库保存数据时如何独立建表的问题，以电力监测系统为例讨论了根表和分支表的关系，并讨论了故障状态机表。本章还讨论了数据库存储过程和数据库连接代码问题，并举例说明了数据库存储过程的使用。读者可以参考本章案例并结合具体物联网工程开发相应程序。

思　　考

1. 根表和分支表字段有什么关系？
2. 什么是数据库存储过程？如何使用数据库存储过程？

第 *7* 章 电力监测手机 App 程序设计

本章介绍了目前物联网工程中常用的手机 App 的开发与界面设计的一般方法，以电力监测系统为案例进行介绍。随着技术发展，尤其是智能手机的发展，导致早期自建服务器形式存在的技术方式逐渐被云服务器所替代，同时客户端软件逐渐运行在手机上。这样，就构成了典型的移动处理客户服务模式，以手机 App 提供技术服务方式就非常符合目前的技术发展方向。手机 App+云服务代表未来技术方向，这种模式灵活多变，基本不受空间变化的影响，适合范围广泛，生命力强。读者在构建自己的物联网工程时，可以深入研究 App+云服务这种模式。在使用这种模式时，云服务器和 App 的安全性非常重要，需要在实际工程中重点关注。

研究目标

掌握目前云服务器的配置方法与购买服务；
掌握 App 界面与功能设计；
掌握 App 开发环境搭建与安全性检测。

理论要求

知识要点	读者要求	相关知识
云服务器与云服务	(1) 云服务器的购买与配置 (2) 云服务的概念与服务内容 (3) 云服务器的安全性防护	云服务器配置与安全 云服务
App 界面设计与功能分析	(1) 界面设计 (2) 功能分析	App 界面设计与功能分析
开发环境搭建与安全性检测	(1) App 开发环境搭建 (2) 安全性检测	安全性检测、注入攻击

推荐阅读资料

1. https://cloud.baidu.com/calculator.html#/bcc/price. (百度云服务器购买与配置，2020,5,16)

2. https://www.aliyun.com. (阿里云服务器购买与配置，2020,5,16)

3. https://cloud.tencent.com/product/cvm?fromSource=gwzcw.186511.186511.186511 (腾讯云，2020,5,16).

4. https://c.163.com/product/vmserver. (网易云，2020,5,16)

5. https://baike.baidu.com/item/%E4%BB%A3%E7%A0%81%E6%B3%A8%E5%85%A5/ 6868095?fr=aladdin. (数据库 SQL 注入攻击，2020,5,18)

7.1 云服务器与云服务

7.1.1 云服务器

云服务器是近年来 IT 产业提供给企业和个人用户的一种快捷、可靠、可扩展的服务设备。传统上，企业或个人客户如果要建立自己的数据服务中心，需要物理场所和物理服务器设备，还要配备专人维护服务器设备，整个过程比较烦琐。另外，一旦购买了物理服务器，其性能参数配置尽管在一段时间内可以配置得很高，但几年后也会落后，甚至以后扩展也比较麻烦，只能淘汰。采用云服务器就可以避免这些问题。

云服务器是 IT 公司在某数据基地建立的大型服务器集群，在软件上用户可以配置 CPU 个数、内存大小、硬盘大小、带宽等参数，提供给客户的就是可以远程访问的一台虚拟计算机。但这台计算机用户可以随时进行硬件升级，也不用担心物理资源损坏和物理位置存放问题。对于用户来讲，云服务器配置、扩展都比较灵活，同时大量减少了用户维护的工作量和人力投入，目前逐渐被市场所接受。

国内提供云服务器的 IT 企业有阿里、百度、腾讯和网易等。图 7-1 所示是阿里购买云服务器网页界面。图 7-2 所示是百度云购买服务器网页界面。读者在需要购买云服务器时，可以参考这些内容。

图 7-1　阿里购买云服务器网页界面

图 7-2　百度云购买服务器网页界面

7.1.2　云服务

云服务器上可以部署各种软件服务，客户通过公网进行访问。服务方式可以是 B/S 方式，也可以是 C/S 方式。App 方式本质上是 C/S 方式的手机化版本。

采用云服务器提供云服务这种商业模式将是今后企业向客户提供软件服务的基本方式之一，其本质是服务器托管方式的拓展。相信用户通过这种服务方式可以很方便地进行公司化运维操作。

7.2 App 界面与功能设计及后台开发与开发环境搭建

7.2.1 App 界面与功能设计

移动物联网最大的优点就是能够让用户第一时间知道传感器末端所发生的变化是否异常。10kV 电力监测系统的目的就是让一线巡线人员第一时间通过手机 App 知道现场故障线路的物理位置，提供最快速的抢修服务，恢复供电。手机版配电网在线监测系统采用报警信息推送技术，改变了传统短信报警方式，使得报警更为迅速、快捷。采用电力 CAD 底图描线报警，让现场人员更直观、快捷地找到故障点从而提高抢修工作效率。采用历史大数据故障报警次数动态概率贝叶斯计算技术，在线路报警时可以给出故障线路概率，预测功能更具有人性化。采用手机无线打印技术，让报表统计更加快捷、迅速。

手机 App 系统设计风格采用国家电网配色方案，突出绿色电力、环保节能的概念。核心界面即系统启动界面如图 7-3 所示。

本界面包含登录、电力监测图、线路在线监测、设备在线监测、历史故障记录和注册 DTU 几个菜单。

图 7-4 所示是用户登录界面，不同等级用户拥有不同权限，进入系统后所操作内容不同。考虑到系统数据安全保密性问题，所有用户在使用系统时均需要手机号注册和实名制，同时用户只能查看，不可下载数据。

图 7-5 所示的电力监测图，展现了非常关键的系统功能，现场人员依据此图可以快速找到故障位置。此图可以根据情况缩放大小。在不同缩放等级上，所显示内容也有区别，如系统对地电场、故障区段显示、停电状态指示等。此图在 CAD 底图上进行二次描图，采用二叉树设计报警路径和故障显示路径。

图 7-3　系统启动界面　　　　　　　　　　图 7-4　登录界面

图 7-5　电力监测图

图 7-6 所示是线路在线监测故障状态图，监测电力系统运行状态。图中还有二级菜单，指示线路各种运行参数和运行图例。监测线路详细信息如图 7-7 所示。

图 7-6　线路在线监测故障状态

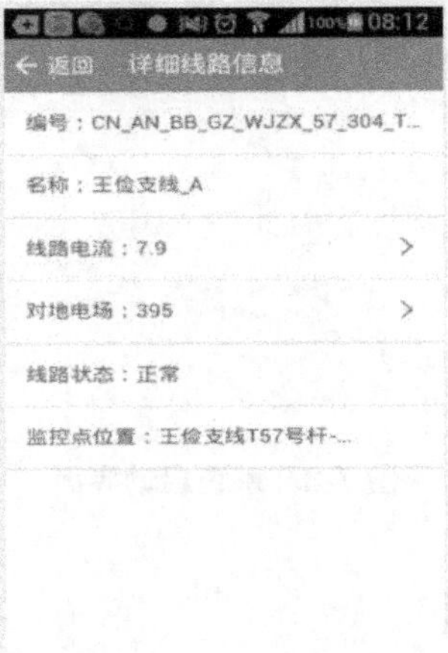

图 7-7　监测线路详细信息

其下一级菜单采用列表形式显示监测内容，如图 7-8 所示。

本界面还可以设置系统查询时间。单击设置时间，显示如图 7-9 所示的界面，进行查询时间设置。

图 7-8　列表形式显示监测内容

图 7-9　查询时间设置

线路运行状态在线监测是电力监测图的有力补充，通过此项功能，可以获知详细的线路运行状态。

图 7-10 所示是设备在线监测图，可以远程监测设备运行情况。二级菜单可以以图形显示运行参数。本菜单功能丰富，为了用户操作的方便性，设计了与线路在线监测部分可以互通的链接，以打开相关菜单内容。

单击下一级菜单，出现详细信息监测界面，如图 7-11 所示。

图 7-10　设备在线监测图　　　　　　　图 7-11　详细信息监测界面

本界面包含编号、线路信息、实时监测和历史曲线，单击任何一项，均有下一级显示内容。例如，点击编号 00312，出现如图 7-12 所示的界面内容，即某监测点位置信息与监测设备参数。

图 7-12　某监测点位置信息与监测设备参数

单击线路信息，则出现如图 7-13 所示的线路监测信息，包含有监测电流和对地电场值，再点击任意下一级菜单，出现如图 7-14 所示内容，显示某支路 A 相监测菜单内容。B 相监测数据图形显示如图 7-15 所示。

图 7-13　线路监测信息　　　　　图 7-14　支路 A 相监测菜单内容

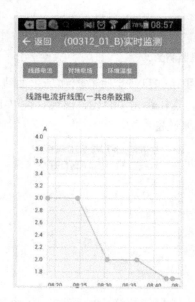

图 7-15　B 相监测数据图形显示

还可以显示监测电流数据历史曲线，如图 7-16 所示。(手机横屏)

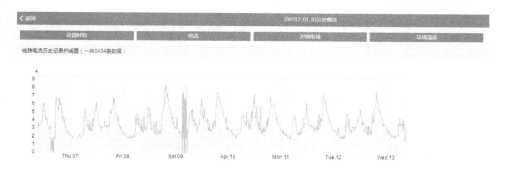

图 7-16　监测电流数据历史曲线

根据图 7-16 所示的数据，电力系统工作人员可以很容易判断出某地区的周期性用电情况，并合理分配负荷。

对地电场监测是系统的一项重要功能，图 7-17 所示是线路对地电场监测图，从中可以分析出停电时间和故障时间。

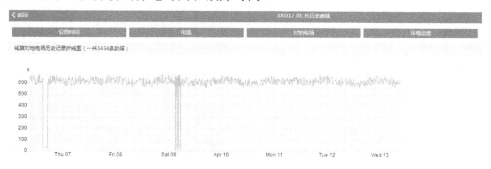

图 7-17　对地电场监测图

通过设备监测参数查询，用户可以远程了解设备运行状况，掌握设备维护资料，为以后维护建立基础数据。图 7-18 所示是太阳能电压监测曲线，可以了解其太阳能板是否正常工作。

线路发生故障后，故障信息推送及线路故障记录都在图 7-19 中实现，最终完成故障数据统计与故障概率计算。

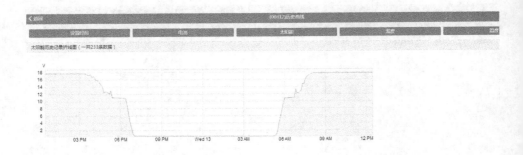

图 7-18 太阳能电压监测曲线

图 7-19 历史故障记录

　　本监测系统还有很多功能，此处不再一一列举。读者在开发物联网手机 App 时，需要自己规划好系统功能、界面和颜色搭配等内容，必要时需要美工介入。

7.2.2　后台开发与 App 开发的环境搭建

　　PC 机后台开发与 Android 系统 App 开发，都需要搭建相关开发语言环境。本章以 Windows 系统下 Java 后台环境搭建为例进行说明。

　　1. Java JDK 安装

　　Java JDK 官网下载地址为 http://www.oracle.com/technetwork/java/javase/

downloads/index.html，Java 开发工具包包含 Java 的运行环境、Java 工具和基础类库。按提示要求，选择 Windows 下适当版本下载。安装完毕后，在 Windows 运行窗口中输入 cmd 命令，进入后执行 java–version 命令。出现图 7-20 所示内容，说明安装成功了。

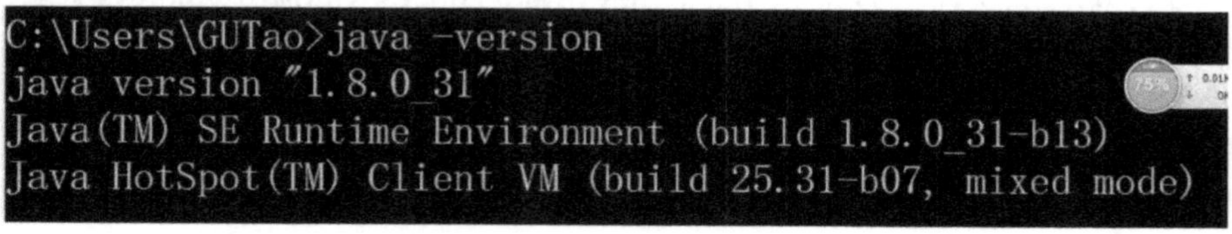

```
C:\Users\GUTao>java -version
java version "1.8.0_31"
Java(TM) SE Runtime Environment (build 1.8.0_31-b13)
Java HotSpot(TM) Client VM (build 25.31-b07, mixed mode)
```

图 7-20　Java 版本测试

2. Eclipse 下载

开发工具 IDE 下载，官网下载地址为 http://www.eclipse.org/downloads/。读者安装需要的软件版本后，可以在 Window -> preferences -> Java 菜单下设置自己的偏好，从而提高工作效率。

3. Apache Tomcat 下载

Apache Tomcat 服务器下载地址为 http://tomcat.apache.org/，读者可以在网页左侧选择下载自己需要的版本。Apache Tomcat 下载如图 7-21 所示。

Apache Tomcat
Home
Taglibs
Maven Plugin

TomcatCon
North America 2017

Download
Which version?
Tomcat 9
Tomcat 8
Tomcat 7

图 7-21　Apache Tomcat 下载

在实际运行时，为了提高安全性，作为后台服务器部署 Apache，还需要设置一些参数。此处不再介绍，读者可以自行查阅相关资料。

4. 数据库部署

MySQL 官方下载地址为 https://dev.mysql.com/downloads/windows/。读者可以选择下载项进行安装设置。MySQL 安装如图 7-22 所示。

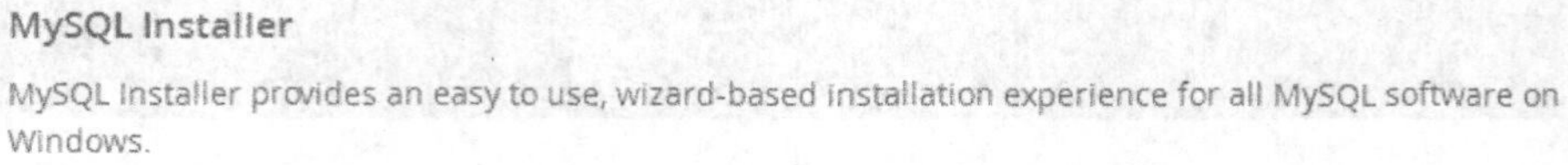

MySQL Installer

MySQL Installer provides an easy to use, wizard-based installation experience for all MySQL software on Windows.

图 7-22　MySQL 安装

数据库下载安装后，作为数据存储仓库使用。

以上几项安装设置后，就可以开发后台服务程序，如果要进行 App 开发还需要进行 SDK 和 ADT 下载。

5. Android SDK 下载

Android SDK 提供了开发 Android 应用程序所需的 API 库，构建、测试和调试 Android 应用程序所需的开发工具。官网下载地址为 http://developer.android.com/SDK/index.html，下载 android-SDK_r24.0.2-windows.zip 并解压安装即可。

6. ADT 插件下载

为了使 Android 开发在程序创建、运行和调试方面更加方便快捷，Android 开发团队专门针对 Eclipse IDE 定制了一个插件 Android Development Tools(ADT)。官网下载地址为 http://developer.android.com/SDK/installing/installing-adt.html，下载压缩包。解压双击 eclipse.exe 程序启动 Eclipse，第一次启动 Eclipse 时需要设置 Eclipse 的 workspace。设置目录后，启动 Eclipse，启动完成之后，点击【Help】菜单→【Install New Software…】添加软件，安装完毕后，重启 Eclipse 即可。Eclipse 重启之后会根据目录的位置自动和它相同目录下的 Android SDK 进行关联，如果 Eclipse 没有自动关联 Android SDK 的安装目录，还需要手动设置 Android SDK 的安装目录，两者关联后开发环境搭建完毕。

如果是苹果手机 App 开发，还需要到苹果官方网站完成注册、申请、缴费、授权等一些前期准备工作才可以。以上软件 JDK、Eclipse、Android SDK 和 ADT 插件需要 FQ 软件才能够正常下载，如果没有 FQ，那么上述列出来的 URL 地址有些无法正常访问，读者需要提前准备好 FQ 工具，如使用 PGFast 工具。还有跨平台开发环境搭建，需要 Ionic、Ant、Android SDK、Node.js、Apache Tomcat 系列软件安装，这种开发环境可以同时适用于 iOS 和 Android 两个平台，具体内容读者可以参考网上资料。

7.3 App 安全性测试

App 发布后，其系统安全性如何？开发者需要对 APK 文件安全性进行一些测试，以帮助企业在 App 上架前发现安全漏洞，避免黑客逆向分析、二次打包及交易支付攻击等风险发生。例如，App 系统登录时对用户名采用 SQL 注入攻击等。一般需要从以下几方面考虑 App 的安全性。

7.3.1 App 安全性测试

(1) 应用层检测。

应用层检测主要是检测 App 本身是否存在漏洞，以及 App 其他配置和代码安全等问题。

(2) 网络传输层检测。

该层主要检测 App 携带的数据在传输过程中是否存在风险，是否有被劫持风险。

(3) 数据存储层检测。

该层检测 App 存储的数据以及存储这些数据的方式、位置等是否存在风险。例如，关键数据在存储时是否进行过加密处理等。

(4) 服务器层检测。

检测与 App 关联的服务器层是否存在易被攻击的漏洞。需要采用专门工具扫描服务器，并自动修复漏洞。

(5) App 加固。

针对 App 漏洞，需要进行相应加固处理，如验证码验证登录、密码加密处理等，以防止黑客逆向分析、篡改数据、窃取数据。

7.3.2 数据库 SQL 注入攻击

从原理上讲，在软件开发密码认证环节，代码中会有如

```
select * from admin where username='XXX' and password='YYY'
```

的语句，若在正式运行此句之前，没有进行必要的字符处理，就会很容易被 SQL 语句注入攻击。例如，用户名改为 abc' or 1=1-- 或 ' or '1'='1，密码可以为 123 或任意，这是最简单的攻击案例。

如果在用户名文本框内输入 abc' or 1=1--，在密码框内输入 123，则 SQL 语句变成

```
select * from admin where username='abc' or 1=1 and password='123'
```

此语句可以正确执行。这样用户就可以获得密码权限功能，进入系统进行非法操作。

在网络技术日益发展的时代，系统安全性高于一切，读者务必在开发完系统后进行系统安全性检测和维护，以防患于未然。

小　　结

本章介绍了云服务器的概念、云服务器购买、手机 App 界面与功能设计内容，并以 Java 语言为例对后台系统和 App 开发环境搭建过程进行了说明，还对 App 安全性进行了讨论。读者可以借鉴本章案例进行 App 界面与功能设计，并可以进行初步安全性检测。

思　　考

1. 什么是 App 安全性检测？有哪几个方面需要检测？
2. 什么是数据库 SQL 注入攻击？请举例说明注入攻击方法。

第 8 章　故障报警路径设计

本章介绍了如何将10kV电力系统物理连线抽象成二叉树图和三叉树图。通过数学抽象后，将物理报警位置图转换成逻辑报警位置图。通过在电力系统CAD底图上描线，表示电力系统运行状态。当电力系统产生故障后，在相应监测点前描线为绿色，表示故障位置。由二叉树图和三叉树图构成逻辑分析，采用遍历算法给出系统报警具体位置。读者通过本章学习，在实际工程中可以借鉴二叉树和三叉树算法，将本章内容进行拓展使用。

研究目标

掌握二叉树数据结构和报警算法；
掌握三叉树数据结构和报警算法。

理论要求

知识要点	读者要求	相关知识
二叉树	(1) 二叉树表示 (2) 电力系统二叉树抽象 (3) 二叉树报警遍历	二叉树数据结构
三叉树	(1) 三叉树表示 (2) 电力系统三叉树抽象 (3) 三叉树报警遍历	三叉树数据结构

 推荐阅读资料

1. WEISS. 数据结构与算法分析：Java语言描述[M]. 冯舜玺，译. 2版. 机械工业出版社，2009.

2. 顾涛，陈超，王德志，等. 接地和/或短路故障报警反演方法及装置：中国，201611254984.1[P]. 2016-12-30.

3. 顾涛，陈超，王德志，等. 电力架空线路报警方法：中国，201610898408.4[P].

4. 顾涛，陈超，王德志，等. 电力线路报警方法：中国，201610892712.8[P].

8.1 二叉树报警路径设计

8.1.1 架空线路二叉树报警系统

10kV 架空线路走线图既可以看成是二叉树图，也可以看成是三叉树图系统，二者在实际中均可以使用，本章将分别介绍。10kV 架空线路从变电所变压器出线开始，向终端用户输电，某个架空线路网络可以抽象成一个根节点在变电所出口处的二叉树。采用此二叉树，结合线路监测点(数据汇集单元)和虚拟杆理论，就可以构成故障报警二叉树显示系统。结合一定算法分析，采用二叉树原理的故障报警显示系统投入运行后，广受现场一线巡线人员欢迎，极大地提高了故障排查效率，显著地减少了用户投诉次数。

图 8-1 所示是某地电力监测系统局部图。其中 348 监测点是根节点，对此图抽象，可以得出改造后的二叉树图系统描述，如图 8-2 所示。

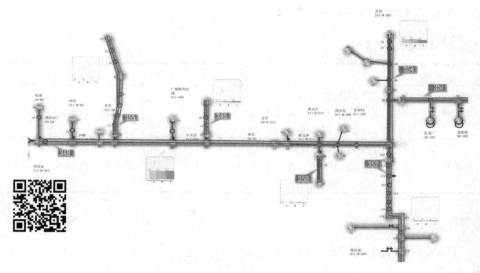

图 8-1 某地电力监测系统局部图

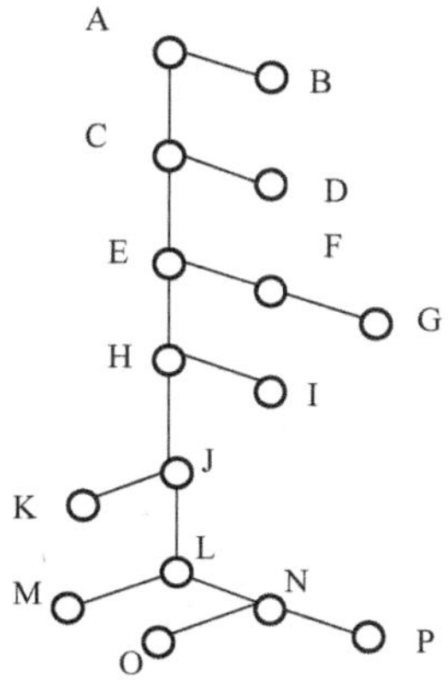

A
B
C
D
E
F
G
H
I
J
K
L
M
N
O
P

图 8-2　对图 8-1 改造后的二叉树图

图 8-2 是对图 8-1 进行改造后的二叉树图,圆圈代表电线杆,短线代表 ABC 三相线路。实际设计时,还可以只根据监控点抽象出二叉树图,而不必一定与实际架空线路图一致。有了二叉树图后,我们就可以利用二叉树理论构造出线路运行图和故障报警图。在抽象二叉树图时,如果遇到 3 个支路同时从 1 个节点分出的情况,这时就需要分解一下。在分出节点处上方增加一个虚拟杆,将 1 个分支路移到这里。图 8-3 所示为虚拟杆添加及支路的分解与移动。虚拟杆的添加可以解决非二叉树图转换成二叉树图的问题。转换的结果会出现不同情况。如果采用根→左子树→右子树遍历算法,则图 8-2 的周游算法为 ACEHJKLMNOPIFGDB。

图 8-3　虚拟杆添加及支路的分解与移动

在图 8-2 中设置了如图 8-4 所示的虚拟监测点(蓝色)和实际监测点(红色) 的二叉树图,这两类监测点均绑定在对应的电线杆上。在实际系统中,电线杆

有明确的杆号。这样，监测点就和实际位置一一对应了。相应的监测点报警，就对应到具体的物理位置上。一般虚拟监测点会绑在虚拟杆上，也会绑在物理杆上。

【图8-4 彩图】

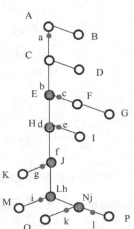

图 8-4　设置有虚拟监测点(蓝色)和实际监测点(红色)的二叉树图（彩图见左侧二维码）

　　添加虚拟监测点是为了让所有监测点形成连通的二叉树，在报警时形成精确的报警路径。虚拟监测点报警与否由它的物理父监测点和物理子监测点决定。如图 8-4 所示，c 点报警，a 点报警，则虚拟监测点 b 也报警，E 与 b 点重合。这样，由 c→b→a 形成报警连通路径。规定监测点报警时，由此监测点到叶子节点分支路用绿色线段显示。例如系统中判断只有 I 点报警，则 I→P 标绿色。如系统中 I 点报警，则依据二叉树搜索算法，还要去判断根监测节点 a 是否报警，若有报警，则 a→j→I→P 标绿色，其中 N 与 j 重合。在兄弟节点同时报警的情况下，若根节点不报警，则分别将它们监测的支路标绿色；若根节点也报警，则需要将连通路径标绿色。

　　定义 10kV 线路几个状态时的支路颜色表示。停电状态，用黄色；运行状态，用红色；故障态，用绿色。这样，就可以抽象出如下几步去描述基于二叉树虚拟杆的故障报警方法。

　　步骤：

　　(1) 将现场图抽象改造出二叉树图。

　　(2) 在二叉树图上选定安装监测点，将监测点与物理杆号绑定在一起，逻辑上与物理布置编号一致。

(3) 必要时增加虚拟杆和虚拟监测点。

(4) 构造二叉报警树，定义报警路径连通规则。

(5) 定义线路报警显示规则，由监测点指向监测点子节点方向的线路标报警绿色，停电、运行支路按规定颜色标记。

(6) 将二叉树逻辑关系与架空线路底图一一对应。

(7) 故障发生时，根据显示规则，在系统架空线路运行图上显示故障分支、运行支路和停电支路状态。

8.1.2　二叉树存储结构定义

为了描述架空线路二叉树结构图存储，同时为了方便从叶子节点查询到父节点，我们定义电力二叉树基本存储结构如图 8-5 所示。

Node_Data	Child_Left	Child_Right	Parent

图 8-5　二叉树基本存储结构

其中，Node_Data 是节点数据信息，通常用结构体描述。Child_Left 是指向左子节点的指针，叶子节点为 NULL。Child_Right 是指向右子节点的指针，叶子节点为 NULL。Parent 是指向父节点的指针，根节点为 NULL。如图 8-6 所示的架空线路电力二叉树图可以用如图 8-7 所示的架空线路二叉树存储结构实现。

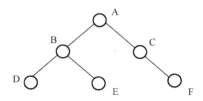

图 8-6　架空线路电力二叉树图

采用图 8-7 的存储结构，可以方便地从叶子节点查找到上级父节点。同时，电力二叉树报警判断过程主要用到从叶子节点到父节点的查找遍历算法，这种结构增加了灵活性。另外，通过增加虚拟杆和虚拟节点(转换到二叉树节点的增加)，可以解决报警路径连通问题和报警路径精确显示问题。根据判断子节点工作正常与否，还可以纠正父节点误报警问题。

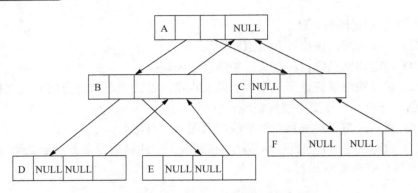

图 8-7　架空线路二叉树存储结构

8.2　三叉树报警路径设计

8.2.1　10kV 电力系统三叉树图的抽象

作为电力故障报警系统核心算法之一，本节介绍采用三叉树理论作为故障报警算法基础理论。10kV 架空线路电线杆与电力线物理布置图从 10kV 变电所出来后，也可以抽象成一棵根节点在变电所出口处的三叉树。如图 8-8 所示是某供电分支路电线杆与电力线物理布置走向图(局部图)，系统 G1#处为变电所出口。

由图 8-8 电力线路物理图可以抽象出电线杆与电力线物理布置图的三叉树结构模型图。规定左子树在根的左侧，中子树在根的下方，右子树在根的右侧，抽象的电线杆与电力线三叉树图如图 8-9 所示。

图 8-9 中，圆圈代表电线杆，直线段代表电力线。这种结构在整个供电系统中一旦建好就不会轻易发生变化，所以可以将线路监测点布置结构用这种三叉树结构描述。实际使用中只要将监测点与相应电线杆绑定在一起，两者就可以用同一种逻辑结构描述。图 8-9 三叉树采用根-左子树-中子树-右子树周游遍历算法，可以描述为 ABCEFDGHIKLMJOPRSUTQVWYZXA$_0$N。线路故障监测设备具有一个监测点(即数据汇集单元)，最多管理 3 条支路的信息。在 P 点安装了一套监测设备，则支路 PR、PS、PT 均安装了数据采集终端；若在 V 点安装了监测设备，则支路 VW、VX 均安装了数据采集终端。每个监测点支路的编号按左、中、右支路顺序进行编号，顺序编号为 1 支路、2 支路、3 支路。

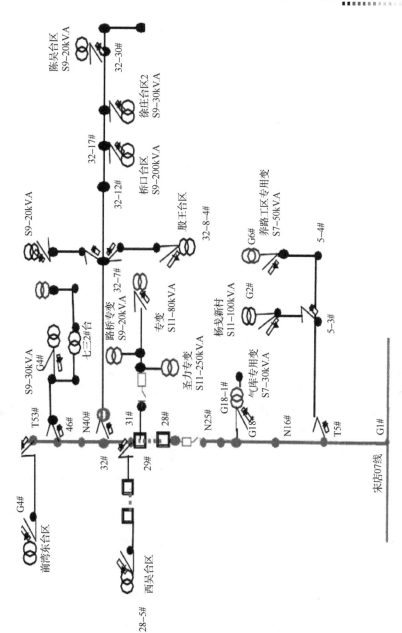

图 8-8　某供电分支路电线杆与电力线物理布置走向图

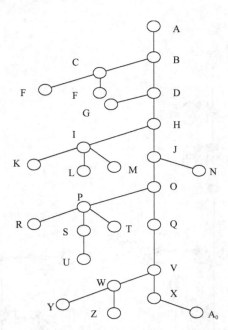

图 8-9　抽象的电线杆与电力线三叉树图

其编号在数据库中一一对应记录。这样，某监测点发出报警信息后，就可以知道是哪条支路报警的。例如，P 点 1 支路报警，则对应到实际线路 PR 上。

在图 8-9 中，我们规定监控支路颜色：无报警信息，该支路用红色表示，系统正常运行；有报警信息，则该支路用绿色表示。支路报警颜色设置方法为从报警父节点到子节点支路，如图 8-10 和图 8-11 所示。

实际线路运行包含 A、B、C 三相，故障报警时，3 条线路均有变色可能。在一条具体电力线路中布置数据采集终端时，需要将该线路物理结构按三叉树理论抽象出其逻辑结构，例如图 8-8 抽象出图 8-9。然后，根据在需要监控的位置处，将安装的监控点与三叉树逻辑点绑定在一起。这样，当左、中、右支路均有绑定，发生报警时，就可以根据规定的标色规则形成报警通路，用以指导现场维护人员检修故障。

如果父节点误报而子节点监测线路正常工作，则由子节点到父节点遍历算法，寻找到父节点，自动恢复父节点监测状态，以消除误报。

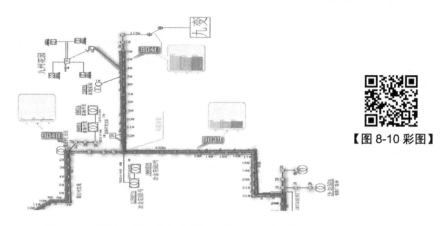

【图 8-10 彩图】

图 8-10　系统正常工作运行图（彩图见右侧二维码）

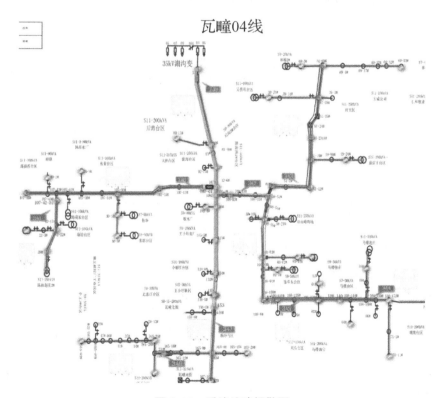

瓦疃04线

图 8-11　系统故障报警图

在实际线路中，由于受到资金限制，可能某一条线路布置的监控点不够密集，无法在逻辑上形成连通的三叉树。这时，需要增加虚拟监测点，以解决报警线路的连通问题。虚拟监测点靠虚拟杆绑定而确定。

8.2.2　三叉树存储结构定义

整个电力系统规模及监控点群数量庞大，为了节省存储空间，本三叉树采用变结构保存，即不同节点类型采用不同节点结构存储。

定义电力系统三叉树监控点基本存储结构类型为 0 型、I 型、II 型、III 型这 4 个结构。

0 型结构为：

Node_info	Node_tag	Node_parent

I 型结构为：

Node_info	Node_tag	Node_Link_1	Node_parent

II 型结构为：

Node_info	Node_tag	Node_Link_1	Node_Link_2	Node_parent

III 型结构为：

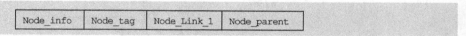

Node_info	Node_tag	Node_Link_1	Node_Link_2	Node_Link_3	Node_parent

其中，Node_info 是节点数据信息，通常用结构体描述；Node_tag 是标识结构，用三位二进制表示。其作用一是反映本节点是哪种类型，如 0 型；二是代表该节点左、中、右子树的分布情况和顺序关系。

Node_tag 的含义见表 8-1。

Node_Link_1 代表指向左子树的指针，Node_Link_2 代表指向中子树的指针，Node_Link_3 代表指向右子树的指针。

Node_parent 代表该节点指向父节点的指针，此指针非常重要，有了它，就可以由子节点非常方便地寻找到父节点。

表 8-1　Node_tag 的含义

Node_tag	000	001	010	011	100	101	110	111
非空子树	无	右子树	中子树	中右子树	左子树	左右子树	左中子树	左中右子树
节点类型	0 型	I 型	I 型	II 型	I 型	II 型	II 型	III 型

根据变节点存储结构的定义,图 8-12 的三叉树变结构存储可以表示为图 8-13 所示的存储结构实现。假如在图 8-12 的 S、O、H 点安装了报警监测点,若 S、

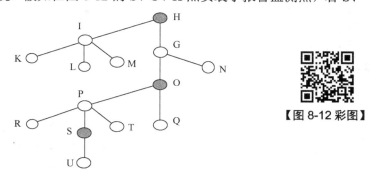

图 8-12　三叉树变结构存储（彩图见右侧二维码）

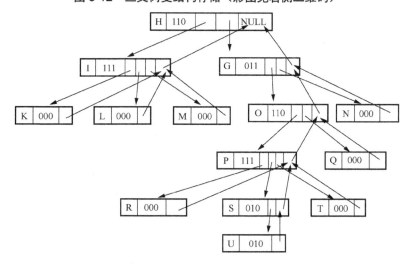

图 8-13　图 8-12 的三叉树存储结构

O 报警，根据上面报警标色规定，可以画出图 8-12 所示的报警路径。可以看到，报警路径不连通。若想解决这个问题，可以在 P 点设置虚拟监测点。若虚拟节点的父节点报警且子节点报警，则该节点也报警。不满足该条件的虚拟节点不报警。这样，就可以连通报警路径，如图 8-14 所示。

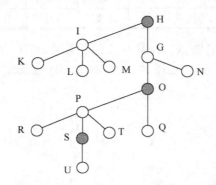

【图 8-14 彩图】

图 8-14 报警路径连通解决（彩图见左侧二维码）

如图 8-14 所示，在 P 点设置虚拟监控点后，若 P 的父节点 O 误报警而子节点 R、S、T、Q 监测到线路正常工作，则应该将父节点误报警消除，恢复到正常态。

增加虚拟节点，还可以将报警路径精确化，采用子节点到父节点遍历算法，将报警显示路径的多余部分去掉。

小　　结

本章介绍了如何将 10kV 电力系统物理位置图转换成逻辑上的二叉树和三叉树系统方法，以及系统报警路径标色问题。根据二叉树和三叉树结构，分别介绍了其数据存储结构。为了保持报警路径的连通，又提出了虚拟杆和虚拟节点的概念。本章内容是计算机数据结构在实际中的应用，具有一定理论深度和难度，读者在学习完本章内容后，可以结合实际工程问题，尝试用二叉树或三叉树理论解决。

思　考

1. 什么是二叉树？如何遍历二叉树节点？
2. 什么是三叉树？如何遍历三叉树节点？
3. 什么是虚拟杆和虚拟节点？它们分别有何作用？

第 *9* 章　数据采集终端通信

程序设计

　　本章重点介绍了数据采集终端通信程序设计，主要内容包括 CRC 校验原理与程序设计、SPI 接口原理、CC1101 芯片原理与通信演示程序设计。读者通过本章学习，可以掌握 CRC 原理与程序设计、SPI 原理以及通信程序编写内容。

研究目标

　　掌握 CRC 校验原理与程序编写；
　　掌握 SPI 接口工作原理；
　　掌握 CC1101 基本原理与编程技术。

理论要求

知识要点	读者要求	相关知识
CRC 校验	(1) CRC 校验原理 (2) CRC 程序设计	CRC 多项式
SPI 接口	(1) SPI 接口定义 (2) SPI 工作原理	SPI 使用
CC1101	CC1101 工作原理与编程	CC1101 编程

 推荐阅读资料

1. 顾涛，李旭. 单片机系统设计与实例开发[MSP430][M]，北京：北京大学出版社，2013.
2. TI, CC1101 无线射频芯片 DATASHEET.
3. FEC 编码 http://blog.csdn.net/WIZnet2012/article/details/7468178. (2020,7,16)
4. CC1101 公开开发版文档资料.

9.1　CRC 校验原理与程序开发

9.1.1　CRC 校验原理

在通信程序协议中，一般会对通信数据的正确性进行校验，常在协议帧的最后两个字节用 CRC（Cyclic Redundancy Check）码进行校验。CRC 校验可以分别用软件和硬件方式实现，应用广泛。下面有必要对 CRC 校验码原理进行研究。

CRC 即循环冗余校验码，是数据通信领域中最常使用的一种差错校验码。CRC 信息字段和校验字段的长度可以任意选定。

CRC 的基本原理是： 在 K 位信息码后再拼接 R 位的校验码，整个编码长度为 N 位，因此这种编码又称 (N, K) 码。对于一个给定的 (N, K) 码，可以证明存在一个最高次幂为 $N-K=R$ 的多项式 $G(X)$。根据 $G(X)$ 可以生成 K 位信息的校验码，而 $G(X)$ 称为这个 CRC 码的生成多项式。校验码的具体生成过程为：假设发送信息用信息多项式 $C(X)$ 表示，将 $C(X)$ 左移 R 位，则可表示成 $C(X)*2^R$，这样 $C(X)$ 的右边就会空出 R 位，这就是校验码的位置。通过 $C(X)*2^R$ 次方除以生成多项式 $G(X)$ 得到的余数就是校验码。

1. 多项式与二进制数码

多项式与二进制数码有直接对应关系：X 的最高幂次对应二进制数码的最高位，二进制数码其他位对应多项式的各幂次。有此幂次项对应 1，无此幂次项对应 0。可以看出：X 的最高幂次为 R，转换成对应的二进制数码有 $R+1$ 位。

多项式包括生成多项式 $G(X)$ 和信息多项式 $C(X)$。

如生成多项式为 $G(X)=X^4+X^3+X+1$，可转换为二进制数码 11011，而发送信息位 1111，可转换为数据多项式为 $C(X)=X^3+X^2+X+1$。

2. 生成多项式

生成多项式是接收方和发送方的一个约定，也就是一个二进制数。在整个传输过程中，这个数始终保持不变。

在发送方，利用生成多项式对信息多项式做模 2 除生成校验码。在接收方，利用生成多项式对收到的编码多项式做模 2 除检测和确定错误位置。

生成多项式应满足以下几个条件。

(1) 生成多项式的最高位和最低位必须为 1。

(2) 当被传送信息(CRC 码)任何一位发生错误时，被生成多项式做除后应该使余数不为 0。

(3) 不同位发生错误时，应该使余数不同。

(4) 对余数继续做除，应使余数循环。

3. CRC 码的生成步骤

(1) 将 X 的最高幂次为 R 的生成多项式 $G(X)$ 转换成对应的 $R+1$ 位二进制数码。

(2) 将信息码左移 R 位，相当于对应的信息多项式 $C(X)*2^R$。

(3) 用生成多项式(二进制数码)对信息码做除，得到 R 位的余数。

(4) 将余数拼到信息码左移后空出的位置，得到完整的 CRC 码。

4. 生成 CRC 码的多项式

生成 CRC 码的多项式有不同规定形式，其中 CRC-16 和 CRC-CCITT 产生的是 16 位的 CRC 码，而 CRC-32 则产生的是 32 位的 CRC 码。

CRC-16：$G(X)=X^{16}+X^{15}+X^2+1$，美国二进制同步系统中采用。

CRC-CCITT：$G(X)=X^{16}+X^{12}+X^5+1$，由欧洲 CCITT 推荐使用。

CRC-32：$G(X)=X^{32}+X^{26}+X^{23}+X^{22}+X^{16}+X^{12}+X^{11}+X^{10}+X^8+X^7+X^5+X^4+X^2+X^1+1$。

接收方将接收到的二进制序列数码(包括信息码和 CRC 码)除以多项式，如果余数为 0，则说明传输中无错误发生；否则说明传输有误。用软件计算 CRC 码时，接收方可以将接收到的信息码求 CRC 码，比较求取的 CRC 码和接收到的 CRC 码是否相同。

9.1.2　CRC 校验程序开发

1. 软件计算方法

CRC-16 码由两个字节构成，在开始时 CRC 寄存器的每一位都预置为 1，然后把 CRC 寄存器与 8bit 的数据进行异或(异或：0^0=0；0^1=1；1^0=1；1^1=0)，之后对 CRC 寄存器从高位到低位进行移位，在最高位(MSB)的位置补 0，而最低位(LSB 移位后已经被移出 CRC 寄存器)如果为 1，则把寄存器与预定义的多项式码进行异或；否则，如果 LSB 为零，则无须进行异或。重复上述的由高至低的移位 8 次，第一个 8bit 数据处理完毕，用此时 CRC 寄存器的值与下一个 8bit 数据异或并进行从高位到低位 8 次移位。所有的字符处理完成后 CRC 寄存器内的值即为最终的 CRC 值。

算法过程可以描述如下。

(1) 设置 CRC 寄存器，并给其赋值 FFFF(Hex)。

(2) 将数据的第一个 8bit 字符与 16 位 CRC 寄存器的低 8 位进行异或，并把结果存入 CRC 寄存器。

(3) CRC 寄存器向右移一位，MSB 补 0，移出并检查 LSB。

(4) 如果 LSB 为 0，重复第 3 步；若 LSB 为 1，CRC 寄存器与多项式码相异或。

(5) 重复第 3 步与第 4 步直到 8 次移位全部完成，此时一个 8bit 数据处理完毕。

(6) 重复第 2 步至第 5 步直到所有数据全部处理完成。

(7) 最终 CRC 寄存器的内容即为 CRC 值。

如 $G(X)=X^{16}+X^{15}+X^2+1$，其对应校验二进制位列为 1 1000 0000 0000 0101。7E 00 05 60 31 32 33 计算 CRC16 结果应该是：5B3E。

2. 查表法计算 CRC 校验码

(1) 以 $G(X)=X^{16}+X^{15}+X^2+1$ 为多项式。

下面程序可以计算输出一个确定数组的 CRC 校验码，采用查表方式完成。

```
#include <stdio.h>
#include <stdlib.h>
unsigned short Table_CRC[256] =
{
/*0x1201 CRC 校验表*/
0X0000L,   0X1021L,   0X2042L,   0X3063L,
0X4084L,   0X50a5L,   0X60c6L,   0X70e7L,
0X8108L,   0X9129L,   0Xa14aL,   0Xb16bL,
0Xc18cL,   0Xd1adL,   0Xe1ceL,   0Xf1efL,
0X1231L,   0X0210L,   0X3273L,   0X2252L,
0X52b5L,   0X4294L,   0X72f7L,   0X62d6L,
```

```
0X9339L,    0X8318L,    0Xb37bL,    0Xa35aL,
0Xd3bdL,    0Xc39cL,    0Xf3ffL,    0Xe3deL,
0X2462L,    0X3443L,    0X0420L,    0X1401L,
0X64e6L,    0X74c7L,    0X44a4L,    0X5485L,
0Xa56aL,    0Xb54bL,    0X8528L,    0X9509L,
0Xe5eeL,    0Xf5cfL,    0Xc5acL,    0Xd58dL,
0X3653L,    0X2672L,    0X1611L,    0X0630L,
0X76d7L,    0X66f6L,    0X5695L,    0X46b4L,
0Xb75bL,    0Xa77aL,    0X9719L,    0X8738L,
0Xf7dfL,    0Xe7feL,    0Xd79dL,    0Xc7bcL,
0X48c4L,    0X58e5L,    0X6886L,    0X78a7L,
0X0840L,    0X1861L,    0X2802L,    0X3823L,
0Xc9ccL,    0Xd9edL,    0Xe98eL,    0Xf9afL,
0X8948L,    0X9969L,    0Xa90aL,    0Xb92bL,
0X5af5L,    0X4ad4L,    0X7ab7L,    0X6a96L,
0X1a71L,    0X0a50L,    0X3a33L,    0X2a12L,
0XdbfdL,    0XcbdcL,    0XfbbfL,    0Xeb9eL,
0X9b79L,    0X8b58L,    0Xbb3bL,    0Xab1aL,
0X6ca6L,    0X7c87L,    0X4ce4L,    0X5cc5L,
0X2c22L,    0X3c03L,    0X0c60L,    0X1c41L,
0XedaeL,    0Xfd8fL,    0XcdecL,    0XddcdL,
0Xad2aL,    0Xbd0bL,    0X8d68L,    0X9d49L,
0X7e97L,    0X6eb6L,    0X5ed5L,    0X4ef4L,
0X3e13L,    0X2e32L,    0X1e51L,    0X0e70L,
0Xff9fL,    0XefbeL,    0XdfddL,    0XcffcL,
0Xbf1bL,    0Xaf3aL,    0X9f59L,    0X8f78L,
0X9188L,    0X81a9L,    0Xb1caL,    0Xa1ebL,
0Xd10cL,    0Xc12dL,    0Xf14eL,    0Xe16fL,
0X1080L,    0X00a1L,    0X30c2L,    0X20e3L,
0X5004L,    0X4025L,    0X7046L,    0X6067L,
0X83b9L,    0X9398L,    0Xa3fbL,    0Xb3daL,
0Xc33dL,    0Xd31cL,    0Xe37fL,    0Xf35eL,
0X02b1L,    0X1290L,    0X22f3L,    0X32d2L,
0X4235L,    0X5214L,    0X6277L,    0X7256L,
0Xb5eaL,    0Xa5cbL,    0X95a8L,    0X8589L,
0Xf56eL,    0Xe54fL,    0Xd52cL,    0Xc50dL,
```

```
    0X34e2L,    0X24c3L,    0X14a0L,    0X0481L,
    0X7466L,    0X6447L,    0X5424L,    0X4405L,
    0Xa7dbL,    0Xb7faL,    0X8799L,    0X97b8L,
    0Xe75fL,    0Xf77eL,    0Xc71dL,    0Xd73cL,
    0X26d3L,    0X36f2L,    0X0691L,    0X16b0L,
    0X6657L,    0X7676L,    0X4615L,    0X5634L,
    0Xd94cL,    0Xc96dL,    0Xf90eL,    0Xe92fL,
    0X99c8L,    0X89e9L,    0Xb98aL,    0Xa9abL,
    0X5844L,    0X4865L,    0X7806L,    0X6827L,
    0X18c0L,    0X08e1L,    0X3882L,    0X28a3L,
    0Xcb7dL,    0Xdb5cL,    0Xeb3fL,    0Xfb1eL,
    0X8bf9L,    0X9bd8L,    0XabbbL,    0Xbb9aL,
    0X4a75L,    0X5a54L,    0X6a37L,    0X7a16L,
    0X0af1L,    0X1ad0L,    0X2ab3L,    0X3a92L,
    0Xfd2eL,    0Xed0fL,    0Xdd6cL,    0Xcd4dL,
    0XbdaaL,    0Xad8bL,    0X9de8L,    0X8dc9L,
    0X7c26L,    0X6c07L,    0X5c64L,    0X4c45L,
    0X3ca2L,    0X2c83L,    0X1ce0L,    0X0cc1L,
    0Xef1fL,    0Xff3eL,    0Xcf5dL,    0Xdf7cL,
    0Xaf9bL,    0XbfbaL,    0X8fd9L,    0X9ff8L,
    0X6e17L,    0X7e36L,    0X4e55L,    0X5e74L,
    0X2e93L,    0X3eb2L,    0X0ed1L,    0X1ef0L
};
```

//本函数返回 CRC 校验码，参数是数组首地址和数组长度。

```
unsigned short CRC_16( unsigned char * aData, unsigned long aSize )
{
    unsigned long  i;
    unsigned short nAccum = 0;

    for ( i = 0; i < aSize; i++ )
        nAccum = ( nAccum << 8 ) ^ ( unsigned short )Table_CRC
                [( nAccum >> 8 ) ^ *aData++];
    return nAccum;
}
```

```
void main(void)
{
    unsigned long result_CRC;
    unsigned char test[512]={0x7e,0x00,0x05,0x60,0x31,0x32,
        0x33,00,00,00};//待求取校验码的数组。
    unsigned long i=0;
    result_CRC=CRC_16(test,7);
    printf("0X%04lxL\n",result_CRC);
}
```

CRC 校验码求取结果为 0X5b3eL(屏幕输出)。

(2) 以 $G(X) = X^{16} + X^{12} + X^{5} + 1$ 为多项式。

下面程序可以实现 CRC-CCITT 标准的 CRC 代码求取。

```
/************************CRC 表************************/
/* Table of CRC values for high-order byte, 高位字节表*/
unsigned char const auchCRCHi[] = {
0x00, 0xC1, 0x81, 0x40, 0x01, 0xC0, 0x80, 0x41, 0x01, 0xC0, 0x80,
0x41, 0x00, 0xC1, 0x81,
    0x40, 0x01, 0xC0, 0x80, 0x41, 0x00, 0xC1, 0x81, 0x40, 0x00, 0xC1,
0x81, 0x40, 0x01, 0xC0,
    0x80, 0x41, 0x01, 0xC0, 0x80, 0x41, 0x00, 0xC1, 0x81, 0x40, 0x00,
0xC1, 0x81, 0x40, 0x01,
    0xC0, 0x80, 0x41, 0x00, 0xC1, 0x81, 0x40, 0x01, 0xC0, 0x80, 0x41,
0x01, 0xC0, 0x80, 0x41,
    0x00, 0xC1, 0x81, 0x40, 0x01, 0xC0, 0x80, 0x41, 0x00, 0xC1, 0x81,
0x40, 0x00, 0xC1, 0x81,
    0x40, 0x01, 0xC0, 0x80, 0x41, 0x00, 0xC1, 0x81, 0x40, 0x01, 0xC0,
0x80, 0x41, 0x01, 0xC0,
    0x80, 0x41, 0x00, 0xC1, 0x81, 0x40, 0x00, 0xC1, 0x81, 0x40, 0x01,
0xC0, 0x80, 0x41, 0x01,
    0xC0, 0x80, 0x41, 0x00, 0xC1, 0x81, 0x40, 0x01, 0xC0, 0x80, 0x41,
0x00, 0xC1, 0x81, 0x40,
    0x00, 0xC1, 0x81, 0x40, 0x01, 0xC0, 0x80, 0x41, 0x01, 0xC0, 0x80,
0x41, 0x00, 0xC1, 0x81,
    0x40, 0x00, 0xC1, 0x81, 0x40, 0x01, 0xC0, 0x80, 0x41, 0x00, 0xC1,
0x81, 0x40, 0x01, 0xC0,
```

```
0x80, 0x41, 0x01, 0xC0, 0x80, 0x41, 0x00, 0xC1, 0x81, 0x40, 0x00,
0xC1, 0x81, 0x40, 0x01,
    0xC0, 0x80, 0x41, 0x01, 0xC0, 0x80, 0x41, 0x00, 0xC1, 0x81, 0x40,
0x01, 0xC0, 0x80, 0x41,
    0x00, 0xC1, 0x81, 0x40, 0x00, 0xC1, 0x81, 0x40, 0x01, 0xC0, 0x80,
0x41, 0x00, 0xC1, 0x81,
    0x40, 0x01, 0xC0, 0x80, 0x41, 0x01, 0xC0, 0x80, 0x41, 0x00, 0xC1,
0x81, 0x40, 0x01, 0xC0,
    0x80, 0x41, 0x00, 0xC1, 0x81, 0x40, 0x00, 0xC1, 0x81, 0x40, 0x01,
0xC0, 0x80, 0x41, 0x01,
    0xC0, 0x80, 0x41, 0x00, 0xC1, 0x81, 0x40, 0x00, 0xC1, 0x81, 0x40,
0x01, 0xC0, 0x80, 0x41,
    0x00, 0xC1, 0x81, 0x40, 0x01, 0xC0, 0x80, 0x41, 0x01, 0xC0, 0x80,
0x41, 0x00, 0xC1, 0x81,
    0x40
} ;
/* Table of CRC values for low-order byte，低位字节表*/
unsigned char const auchCRCLo[] = {
0x00, 0xC0, 0xC1, 0x01, 0xC3, 0x03, 0x02, 0xC2, 0xC6, 0x06, 0x07,
0xC7, 0x05, 0xC5, 0xC4,
    0x04, 0xCC, 0x0C, 0x0D, 0xCD, 0x0F, 0xCF, 0xCE, 0x0E, 0x0A, 0xCA,
0xCB, 0x0B, 0xC9, 0x09,
    0x08, 0xC8, 0xD8, 0x18, 0x19, 0xD9, 0x1B, 0xDB, 0xDA, 0x1A, 0x1E,
0xDE, 0xDF, 0x1F, 0xDD,
    0x1D, 0x1C, 0xDC, 0x14, 0xD4, 0xD5, 0x15, 0xD7, 0x17, 0x16, 0xD6,
0xD2, 0x12, 0x13, 0xD3,
    0x11, 0xD1, 0xD0, 0x10, 0xF0, 0x30, 0x31, 0xF1, 0x33, 0xF3, 0xF2,
0x32, 0x36, 0xF6, 0xF7,
    0x37, 0xF5, 0x35, 0x34, 0xF4, 0x3C, 0xFC, 0xFD, 0x3D, 0xFF, 0x3F,
0x3E, 0xFE, 0xFA, 0x3A,
    0x3B, 0xFB, 0x39, 0xF9, 0xF8, 0x38, 0x28, 0xE8, 0xE9, 0x29, 0xEB,
0x2B, 0x2A, 0xEA, 0xEE,
    0x2E, 0x2F, 0xEF, 0x2D, 0xED, 0xEC, 0x2C, 0xE4, 0x24, 0x25, 0xE5,
0x27, 0xE7, 0xE6, 0x26,
    0x22, 0xE2, 0xE3, 0x23, 0xE1, 0x21, 0x20, 0xE0, 0xA0, 0x60, 0x61,
0xA1, 0x63, 0xA3, 0xA2,
```

```
    0x62, 0x66, 0xA6, 0xA7, 0x67, 0xA5, 0x65, 0x64, 0xA4, 0x6C, 0xAC,
0xAD, 0x6D, 0xAF, 0x6F,
    0x6E, 0xAE, 0xAA, 0x6A, 0x6B, 0xAB, 0x69, 0xA9, 0xA8, 0x68, 0x78,
0xB8, 0xB9, 0x79, 0xBB,
    0x7B, 0x7A, 0xBA, 0xBE, 0x7E, 0x7F, 0xBF, 0x7D, 0xBD, 0xBC, 0x7C,
0xB4, 0x74, 0x75, 0xB5,
    0x77, 0xB7, 0xB6, 0x76, 0x72, 0xB2, 0xB3, 0x73, 0xB1, 0x71, 0x70,
0xB0, 0x50, 0x90, 0x91,
    0x51, 0x93, 0x53, 0x52, 0x92, 0x96, 0x56, 0x57, 0x97, 0x55, 0x95,
0x94, 0x54, 0x9C, 0x5C,
    0x5D, 0x9D, 0x5F, 0x9F, 0x9E, 0x5E, 0x5A, 0x9A, 0x9B, 0x5B, 0x99,
0x59, 0x58, 0x98, 0x88,
    0x48, 0x49, 0x89, 0x4B, 0x8B, 0x8A, 0x4A, 0x4E, 0x8E, 0x8F, 0x4F,
0x8D, 0x4D, 0x4C, 0x8C,
    0x44, 0x84, 0x85, 0x45, 0x87, 0x47, 0x46, 0x86, 0x82, 0x42, 0x43,
0x83, 0x41, 0x81, 0x80,
    0x40
    } ;


// CRC 码求取函数，参数是数组起始地址和数组元素个数
unsigned int Crc16(unsigned char *puchMsg, unsigned int DataLen)
{
    unsigned char chCRCHi;                      // = 0xFF;
    unsigned char chCRCLo;                      // = 0xFF;
    unsigned int  Index;
    chCRCHi=0xff; /* 初始化高字节*/
    chCRCLo=0xff; /* 初始化低字节*/
    for(;DataLen>0;DataLen--)                   // 通过数据缓冲器
    {
        Index = chCRCHi ^ (*puchMsg++) ;        //计算 CRC //
        chCRCHi = chCRCLo ^ auchCRCHi[Index] ;
        chCRCLo = auchCRCLo[Index] ;

    }
    return (chCRCHi << 8 | chCRCLo) ;
}
```

```
#include <stdio.h>

void main (void)
{
    unsigned int i,m;
    unsigned char temp[21];

    for(i=0;i<20;i++)
    {
        temp[i]=0;
    }
    temp[0]=0x7e;
    temp[1]=0x00;
    temp[2]=0x05;
    temp[3]=0x60;
    temp[4]=0x31;
    temp[5]=0x32;
    temp[6]=0x33;
    m=Crc16(temp,7);              //16 位的 CRC 检验
    temp[18] = m/256;            //校验码
    temp[19] = m%256;
    temp[20]=0;
    printf("Preceding with blanks: 0X%04lxL \n", temp[18]);
    printf("Preceding with blanks: 0X%04lxL \n", temp[19]);
printf("Preceding with blanks: 0X%04lxL \n",    m);
}
```

结果输出 0X53bdL。

由于多项式不同，以上相同的数组内容，所求取的 CRC 码并不相同。

9.2　CC1101 通信芯片基本原理与使用

9.2.1　SPI 接口基本概念

目前，SPI(Serial Peripheral Interface)接口在 MCU 外围设备中得到广泛应用，TI 公司的 CC1101 通信芯片采用的也是 SPI 接口，因此有必要先对 SPI 基

本概念进行了解。SPI 串行外围设备接口，是由 Motorola 公司推出的一种同步串行通信方式，是一种四线同步双向高速串行总线。由于其硬件功能强大，所以有关 SPI 的接口软件就比较简单，使 CPU 有更多的时间处理其他事务。

SPI 通信原理：采用主从方式工作。这种工作方式通常有一个主设备、一个或多个从设备，需要至少 4 根线(单向传输时，3 根也可以工作)。这 4 根线是所有基于 SPI 设备共有的，它们分别是 SDI(串行数据输入)、SDO(串行数据输出)、SCK(时钟)、CS(片选)，其含义如下。

(1) SDO：主设备数据输出，从设备数据输入。

(2) SDI：主设备数据输入，从设备数据输出。

(3) SCLK：时钟信号，由主设备产生。

(4) CS：从设备使能信号，由主设备控制。

其中，CS 指控制芯片是否被选中，只有片选信号为预先规定的使能信号时(不同芯片可以规定高电平或低电平有效)，对此芯片的操作才有效。这就允许在同一总线上连接多个 SPI 设备。负责数据通信的是另外 3 根线，具体通信过程是通过数据交换完成的。数据是逐位进行传输的。在 SCK 的控制下，两个双向移位寄存器进行数据交换，彼此都从高位向低位开始。由 SCK 提供时钟脉冲，SDI、SDO 则基于此脉冲完成数据传输。数据输出通过 SDO 线，数据在时钟上升沿或下降沿时改变，在紧接着的下降沿或上升沿被读取。基于同样原理，也可以完成一位数据输入。这样，进行至少 8 次时钟信号的改变(上沿和下沿为 1 次)，就可以完成 8 位数据的传输。

要注意的是，SCK 时钟信号线只由主设备控制，从设备不能控制。同样，在一个基于 SPI 的设备中，至少有一个主控设备。与普通的串行通信不同，普通的串行通信一次连续传送至少 8 位数据，而 SPI 允许数据逐位传送，甚至允许暂停。因为 SCK 时钟线由主控设备控制，当没有时钟跳变时从设备不采集或传送数据。也就是说，主设备通过对 SCK 时钟线的控制可以完成对通信的控制，这也是 SPI 传输方式的一个优点。SPI 也可以看成是一个数据交换协议。因为 SPI 的数据输入和输出线独立，所以允许同时完成数据的输入和输出。不同的 SPI 设备其实现方式不尽相同，主要是数据改变和采集的时间不同，在时钟信号上沿或下沿采集有不同定义，具体请参考相关器件文档。

在点对点的通信中，SPI 接口不需要进行寻址操作，且为全双工通信，简单高效。SPI 接口的缺点是没有指定的流控制，没有应答机制确认是否接收到数据。

9.2.2　SPI 总线信号其他定义方式

SPI 总线信号除上面一种定义方式外，还有以下常见的定义方式。

```
(1) SCLK —Serial Clock (output from master)
(2) MOSI/SIMO —Master Output, Slave Input (output from master)
(3) MISO/SOMI —Master Input, Slave Output (output from slave)
(4) SS — Slave Select (active low; output from master)
```

在不同设备中如下命名方式也经常可见。

```
(1) SCK — Serial Clock (output from master)
(2) SDI, DI, SI — Serial Data In
(3) SDO, DO, SO — Serial Data Out
(4) nCS, CS, nSS, STE — Chip Select, Slave Transmit Enable (active
low; output from master)
```

SPI 通信原理如图 9-1 所示，在 SCLK 控制下，主控设备 Master 的最高位移到从属设备 Slave 的最低位，从属设备的最高位移到主控设备的最低位。

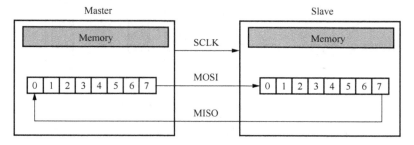

图 9-1　SPI 通信原理

9.2.3　CC1101 基本原理

CC1101 是低成本的 1GHz 以下的无线收发器，是 TI 公司为极低功耗的无线应用而设计的一款通信芯片。电路主要为 ISM(工业、科学和医疗)和 SRD(短距离设备)应用组成，芯片工作频段在 315、433、868 和 915 MHz，也可以设定在其他频率工作，如 300-348MHz、387-464 MHz 和 779-928 MHz 频段。

CC1101 通过 4 线 SPI 兼容接口(SI、SO、SCLK 和 CSn)进行配置，CC1101 作为从设备。这个接口同时用作读写缓冲器数据。SPI 接口上所有的数据传送都是先传送最高有效位 MSB。SPI 接口上的所有传送都是以一个头字节(Header Byte)开始,包含一个读/写(R/W)位、一个突发(Burst Access)访问位(B)和 6 位地址位($A_0 \sim A_5$)。在 SPI 总线上传输数据时,CSn 脚必须保持低电平。如果在发送头字节或者读写寄存器时 CSn 拉高,传送将被取消。当 CSn 被拉低,MCU 在发送头字节之前,必须等到 CC1101 的 SO 脚变为低电平,这说明晶振开始工作。除非芯片在 SLEEP 或者 XOFF 状态,SO 脚在 CSn 引脚被拉低后马上变为低电平。

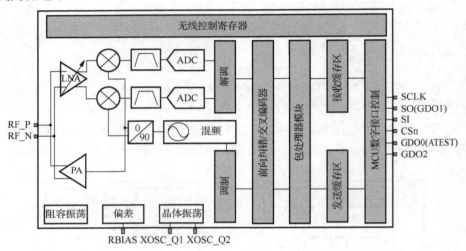

图 9-2   CC1101 内部简化结构图

几个信号说明:PA 功率放大器(功率控制调节),LNA 低噪声放大器,RF_P 射频输入正极信号,RF_N 射频输入负极信号。

当在 SPI 接口上发送头字节、数据字节或命令选通(Command Strobe)时,CC1101 在 SO 引脚上发送芯片状态字节。状态字节包含对 MCU 有用的关键状态信号。第 1 位 S_7 为 CHIP_RDYn 信号,在 SCLK 的第一个上升沿之前,该信号必须变为低电平。CHIP_RDYn 表示晶振已经开始工作。

第 4、5、6 位组成(STATE)状态值,该值反映芯片的状态。在空闲(IDLE)状态,XOSC 和内核的电源被打开,但是其他模块全部断电。频率和信道配置只能在芯片处于该状态时被更新。当芯片处于接收模式时,接收(RX)状态被激活;同样,当芯片处于发送模式时,发送(TX)状态被激活。状态字节的最后 4 位(3:0)包含 FIFO_BYTES_AVAILABLE。在读操作中(头字节的 R/W 位置 1),

FIFO_BYTES_AVAILABLE 包含从 RX FIFO 可读到的数据字节数。在写操作中(头字节的 R/W 位置 0)，FIFO_BYTES_AVAILABLE 包含可写入 TX FIFO 中的字节数。当 FIFO_BYTES_AVAILABLE=15 时，15 个或更多字节是可读的/自由的。状态字节含义见表 9-1。

表 9-1　状态字节含义

比特	名称	描述		
7	CHIP RDYn	保持高，直到功率和晶体已稳定。当使用 SPI 接口时应始终为低。		
6:4	STATE[2:0]	表明当前主状态机模式		
		值	状态	描述
		000	空闲	空闲状态
		001	RX	接收模式
		010	TX	发送模式
		011	FSTXON	快速 TX 准备
		100	校准	频率合成器校准正运行
		101	迁移	PLL 正迁移
		110	RXFIFO_OVERFLOW	RX FIFO 已经溢出。读出任何有用数据，然后用 SFRX 冲洗 FIFO。
		111	TXFIFO_OVERFLOW	TX FIFO 已经下溢。同 SFTX 应答
3:0	FIFO_BYTES_AVAILABLE[3:0]	TXFIFO 中的自由比特数。若 FIFO_BYTES_AVAILABLE=15，则它表明有 15 个或更多个比特是可用/自由的。		

9.2.4　CC1101 典型使用

1. 硬件电路图

如图 9-3 所示是 CC1101 典型使用图(315/433MHz)，可以看出 CC1101 电路外围元件布置。CC1101 元器件取值见表 9-2。

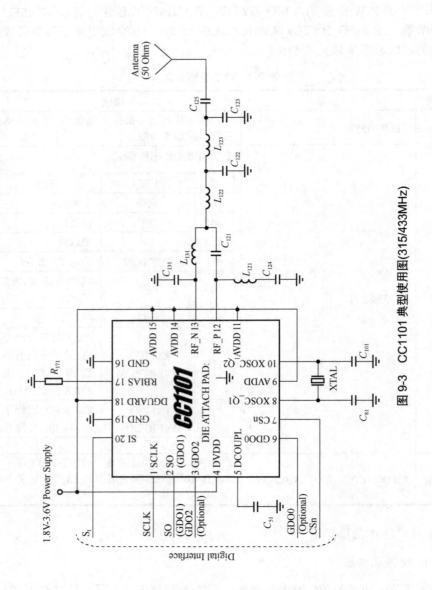

图9-3 CC1101 典型使用图(315/433MHz)

表 9-2　CC1101 元器件取值

Component	Value at 315MHz	Value at 433MHz	Value at 868/915MHz
C_{51}	100nF±10%, 0402×5R		
C_{81}	27pF±5%, 0402 NPO		
C_{101}	27pF±5%, 0402 NPO		
C_{121}	6.8pF±0.5pF, 0402 NPO	3.9pF±0.25pF, 0402 NPO	2.2pF±0.25pF, 0402 NPO
C_{122}	12pF±5%, 0402 NPO	8.2pF±0.5pF, 0402 NPO	3.9pF±0.25pF, 0402 NPO
C_{123}	6.8pF±0.5pF,0402 NPO	5.6pF±0.5pF, 0402 NPO	3.3pF±0.25pF, 0402 NPO
C_{124}	220pF±5%, 0402 NPO	220pF±5%, 0402 NPO	100pF±5%, 0402 NPO
C_{125} or C_{126}	220pF±5%, 0402 NPO	220pF±5%, 0402 NPO	100pF±5%, 0402 NPO
C_{131}	6.8pF±0.5pF, 0402 NPO	3.9pF±0.25pF,0402 NPO	2.2pF±0.25pF,0402 NPO
L_{121}	33nH±5%, 0402 monolithic	27nH±5%, 0402 monolithic	12nH±5%, 0402 monolithic
L_{122}	18nH±5%, 0402 monolithic	22nH±5%, 0402 monolithic	5.6nH±0.3nH, 0402 monolithic
L_{123}	33nH±5%, 0402 monolithic	27nH±5%, 0402 monolithic	12nH±5%, 0402 monolithic
L_{131}	33nH±5%, 0402 monolithic	27nH±5%, 0402 monolithic	12nH±5%, 0402 monolithic
R_{171}	56kΩ±1%, 0402		
XTAL	26.0MHz surface mount crystal		

CC1101 在 433MHz 频率工作时，发射状态下最大可以消耗 29.2mA，接收状态下最大可以消耗掉 17.1mA。更多内容请参考 TI CC1101 使用资料。

2. 数据包格式

CC1101 数据包格式如图 9-4 所示，下面介绍其组成部分。

前导位(Preamble Bits)，由 8×n 位构成。同步字(Sync Word)，由 16/32 位构成。长度(Length Field)，可选的净荷长度字节。地址(Address Field)，可选的地址字节。净荷(Data Field)，实际中要传输的数据。CRC 校验码(CRC-16)，可选的 2 字节 CRC 校验码。

前导位的格式是一个交叉的 10 序列(10101010…)。前导位的最小长度可以通过 MDMCFG1.NUM_PREAMBLE 的值来设置。当使能发送时，调制器将开始发送前导位。当发送完前导字节后，调制器开始发送同步字和 TX FIFO 中的可用数据。如果 TX FIFO 是空的，调制器将继续发送前导字节，直到第一个字节写入 TX FIFO。调制器将接着发送同步字和数据字节。

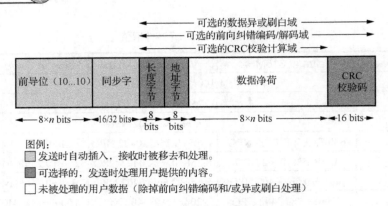

图例：
⬜ 发送时自动插入，接收时被移去和处理。
⬛ 可选择的，发送时处理用户提供的内容。
☐ 未被处理的用户数据（除掉前向纠错编码和/或异或刷白处理）

图 9-4 CC1101 数据包格式

同步字是在 SYNC1 和 SYNC0 寄存器中设置的 2 字节数据。同步字节提供了引入数据包的字节同步。一个字节的同步字可以复制，通过设定 SYNC1 的值到前导格式。也可以通过设定 MDMCFG2.SYNC_MODE 的值为 3 或 7 将同步字复制为 32 位。同步字将被复制两次。CC1101 支持定长数据包协议和变长数据包协议。可变的或固定数据包长度模式可用于最长 255 字节数据包长度。再长的数据包，就必须使用无限数据包长度模式。固定数据包长度模式通过设定 PKTCTRL0.LENGTH_CONFIG=0 来选择。期望的数据包长度通过 PKTLEN 寄存器来设置。在可变数据包长度模式，PKTCTRL0.LENGTH_CONFIG=1，数据包长度由同步字后面的第一个字节进行配置。数据包长度定义为有效载荷，不包括长度字节和可选的 CRC。PKTLEN 用来配置允许接收的最大数据包长度。任何接收的数据包长度大于 PKTLEN 的值都将被丢弃。

PKTCTRL0.LENGTH_CONFIG=2，数据包长度将设置为无限长，发送和接收将持续到手动关闭。也可以使用不同长度的配置来支持数据包格式。必须确保在发送前半个或任何字节时 TX 模式不被关闭。请参考 CC1101 的勘误表。

3. 使用交叉前向纠错

前向纠错(Forward Error Correction，FEC)，其基本原理是：发送方将要发送的数据附加上一定的冗余码(即纠错码)一并发送，接收方则根据纠错码对数据进行差错检测，如发现差错，由接收方根据冗余数据和双方使用的校正算法进行纠正。其特点是使用纠错码(纠错码编码效率低且设备复杂)、单向信道，发送方无须设置缓冲器。当误码被确定后，不需要通知发送端重新发送，而是自动纠正错误。因此，FEC 是一种通信差错控制技术。发送端在需要传输的数据中加入冗余数据，接收端则根据这些冗余数据检测出整个数据中的误码。当接收端检测出码字中的错误时，根据纠错算法立即将它们改正。

FEC 码主要有两种算法：块状码和卷积码。块状码主要作用于固定长度的数据块(包)或者预先定义长度的符号。一段数据含有 n 个比特，其中有 k 个信息比特，剩下的就是冗余比特。实际操作中块状码可以被解码到特定的长度，并且冗余码只与统一块中的信息码相关。卷积码主要作用于随机长度的比特或符号流。与块状码不同，卷积码不是只与在同一块中的信息码相关，而是与前一块的码字相关。这种 FEC 要比另外一种复杂。

CC1101 内部支持前向纠错。使能这个选项，设置 MDMCFG1.FEC_EN=1。FEC 仅支持固定数据包长度模式，即当 PKTCTRL0.LENGTH_CONFIG=0 时，FEC 被用在数据区，CRC 字用来减少总的位误差率。当工作在灵敏度极限附近时，加入冗余位到发送的数据中，在接收数据中可以从存在位错误的数据中恢复原始数据。FEC 的使用可以在很低的信噪比(SNR)下正确接收数据，因此在接收带宽不变情况下可以扩大通信范围。在给定的 SNR 下，使用 FEC 可以减少位错误率(BER)。较低的 BER 可以允许较长的数据包，更有利于数据传送成功。在实际的 ISM 无线环境中，瞬时的和随时间变化的现象将会产生偶发性错误。在较好的接收条件下，FEC 能够掩盖这种错误，并且与编码数据的交叉相组合；在不好的接收条件下，可以保持长周期的正确接收。CC1101 的 FEC 设计采用回旋编码，基于 k 个输入位产生 n 个和 m 个最近的输入位形成的编码流，在每个编码状态之间可以经受一定数量的位错误(m 位窗口)。回旋编码器强制长度为 $m=4$ 的 1/2 编码速率。编码器编码一个输入位产生 2 个输出位，因此有效数据速率减半。所以，当使用 FEC 想要传送相同的有效数据速率时，就需要使用两倍的无线数据速率。使用 FEC 改善了接收条件，使接收带宽提高，同时又降低了灵敏度。

通过无线通信频道接收的数据经常产生冲突错误以及随时间变化的信号强度变化而导致的错误。为了增加应对多位的错误，当 FEC 使能时使用交叉。反交叉之后，在接收数据流中的连续范围内的错误位将会变成单一的错误伸展开。CC1101 使用矩阵交叉，如图 9-5 所示。片上交叉和反交叉缓存是 4×4 的。在发送器中，回旋编码器中的 1/2 速率的数据位被写到矩阵的行，但是被传送的位序列是从矩阵的列读出的。相反，在接收器中，接收的符号被写入矩阵的行，传送到回旋解码器的数据是从矩阵的列中读取的。当 FEC 和交叉使用时，至少有一个附加的字节作为格子终止。加起来，在空中发送的数据数量必须是交叉缓冲器的倍数(2 字节)。数据包控制部件在数据包的结尾自动插入 1 或 2 个附加字节，使被交叉的数据数量是偶数。注意这些附加字节用户是看不到的，在接收数据包进入 RX FIFO 之前被移除。当 FEC 和交叉同时使用时，最小的数据有效载荷是 2 字节。

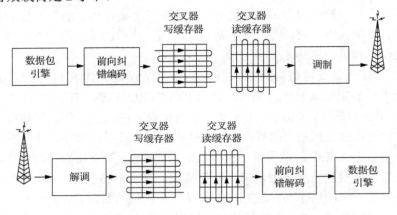

图 9-5 FEC 编码与交叉结合使用

4. 通信程序编写

本书提供的程序是官方公开的测试程序部分，其中主程序 main.c 的功能包括 CC1101 的发送/接收功能和 LCD 显示功能，主 MCU 采用 STM8 芯片进行控制。读者通过阅读本程序大概了解通信程序框架即可，在需要添加自己通信协议内容之处，程序中做了关键注解。程序内容如下。

```
#include "bsp.h"
// 常量定义
#define TX          1    // 发送模式
#define RX          0    // 接收模式
#define ACK_LENGTH  10   // 演示应答信号长度，实际编程中，通信协议一帧
                         // 由协议中指定
#define SEND_LENGTH 10   // 演示发送数据包的长度，实际通信协议一帧长度
                         // 由协议中指定
INT8U  Cnt1ms = 0;       // 1ms 计数变量，每 1ms 加一
```

```
INT16U  RecvCnt = 0;        // 计数接收的数据包数
// 需要应答的数据
INT8U   AckBuffer[ACK_LENGTH] = { 10, 11, 12, 13, 14, 15, 16, 17,
18, 19 };//
/*============================================================*/
/*此部分正常编写应该添加数据采集终端的通信协议程序部分*/
/*============================================================*/
* 函数 : DelayMs() => 延时函数(ms 级)                      *
* 输入 : x, 需要延时多少(0-255)                            *
=============================================================*/
void DelayMs(INT8U x)
{
    Cnt1ms = 0;
    while (Cnt1ms <= x);
}


/*============================================================
* 函数 : TIM3_1MS_ISR() => 定时器 3 服务函数, 定时时间基准为 1ms   *
=============================================================*/
void TIM3_1MS_ISR(void)
{
    Cnt1ms++;
}
/*============================================================
* 函数 : MCU_Initial() => 初始化需要用到的硬件                 *
* 说明 : 初始化函数在 C 库中, 见 bsp.c 文件              *
=============================================================*/
void MCU_Initial(void)
{
    SClK_Initial();          // 系统时钟初始化, 16M
    GPIO_Initial();          // 初始化 GPIO
    TIM3_Initial();          // 初始化定时器 3, 基准 1ms
    SPI_Initial();           // 初始化 SPI
    enableInterrupts();      // 开放系统总中断
}
/*============================================================
```

```
* 函数 : LCD_Initial() => 初始化 LCD                              *
* 输入 : mode, 当前测试模式, =0 为接收模式; else 为发送模式         *
* 说明 : LCD 的操作, 见 Oled.c 文件, 提供相关显示操作,            *
         可调用其内部所有函数, 用户无须再关心 LCD 的寄存器操作问题。
```
这是意法半导体 ARM 编程设计的改进之处, S3C2440 类型 ARM 设计, 还需要设置底层寄存器组*
```
==============================================================*/
void LCD_Initial(INT8U mode)
{
  LCD_Init();
    LCD_Dis_Str(2, 24, "STM8 Board");
   if (RX == mode) { LCD_Dis_Str(6,0,"CC1101:RX 00000"); }
              // 接收模式
    else           { LCD_Dis_Str(6,0,"CC1101:TX 00000"); }
              // 发送模式
}
  /*=========================================================*
函数 : RF_Initial() => 初始化 RF 芯片                           *
  * 输入: mode, =0,接收模式; else,发送模式                      *
  * 说明:CC1101 的操作, 见 CC1101.c 文件, 提供 SPI 和 CSN 操作,  *
          即可调用其内部所有函数, 用户无须再关心 CC1101 的寄存器操作问题。 *
```
这是意法半导体 ARM 编程设计的改进之处, S3C2440 类型 ARM 设计, 还需要设置底层寄存器组
```
==============================================================*/
void RF_Initial(INT8U mode)
{
   CC1101Init();                               // 初始化 L01 寄存器
   if (RX == mode)    { CC1101SetTRMode(RX_MODE); }// 接收模式
}
  /*=========================================================*
* 函数: System_Initial() => 初始化系统所有外设                  *
==============================================================*/
void System_Initial(void)
{
   MCU_Initial();                              // 初始化 CPU 所有硬件
   LCD_Initial(RX);     // 初始化 OLED
```

```
    RF_Initial(RX);         // 初始化无线芯片,发送模式
}
/*===========================================================
* 函数 : LCD_LenDisplay() => LCD 长度显示                   *
* 输入 : DisplayLen, 将数据拆开显示在 OLED 屏幕上            *
===========================================================*/
void LCD_LenDisplay(INT16U DisplayLen)
{
    INT8U DisplayBuffer[10] = { "0000" };    // 数据分解,供显示使用
    DisplayBuffer[0] = (DisplayLen/10000) + '0';      // 取出万位
    DisplayLen %= 10000;
    DisplayBuffer[1] = (DisplayLen/1000) + '0';       // 取出千位
    DisplayLen %= 1000;
    DisplayBuffer[2] = (DisplayLen/100) + '0';        // 取出百位
    DisplayLen %= 100;
    DisplayBuffer[3] = (DisplayLen/10) + '0';         // 取出十位
    DisplayLen %= 10;
    DisplayBuffer[4] = DisplayLen + '0';              // 取出个位
    DisplayBuffer[5] = 0;
    LCD_Dis_Str(6, 80, (char*)DisplayBuffer);         // 数据显示
}
/*===========================================================
* 函数 : RF_RecvHandler() => 无线数据接收处理               *
===========================================================*/
void RF_RecvHandler(void)
{
    INT8U error=0, i=0, length=0, recv_buffer[65]={ 0 };
    CC1101SetTRMode(RX_MODE);    // 设置 RF 芯片接收模式,接收数据
    if (0 == CC_IRQ_READ())      // 检测无线模块是否产生接收中断
    {
        while (CC_IRQ_READ() == 0);
        // 数据清零,防止误判断
        for (i=0; i<SEND_LENGTH; i++)   { recv_buffer[i] = 0; }
        // 读取接收到的数据长度和数据内容
        length = CC1101RecPacket(recv_buffer);
        // 判断数据是否有误,接收到的信号应该为 0-9
```

```
        for (i=0, error=0; i<10; i++)
        {
            if (recv_buffer[i] != i)   { error=1; break; }
                                    // 数据出错
        }
        if ((length==10) && (error==0))  // 数据正确
        { LED_TOG();              // LED 闪烁，指示收到正确数据
            DelayMs(10);
            CC1101SetTRMode(TX_MODE);
                                    // 设置 RF 芯片发送模式，发送应答信号
            CC1101SendPacket(AckBuffer, ACK_LENGTH, ADDRESS_CHECK);
             RecvCnt++;
            LCD_LenDisplay(RecvCnt);        // 更新显示
        }

CC1101SetTRMode(RX_MODE);     // 设置 RF 芯片接收模式，接收数据
    }
}


/*==========================================================
* 函数 : main() => 主函数，程序入口                          *
* 说明 : 每 1s 发送一包数据，每包数据长度为 10 个字节，数据内容为 0-9   *
*        接收方反馈(应答)的数据长度为 10 个字节，数据内容为 10-19        *
*正常编写通信程序，用实际通信协议帧内容代替,此处发数据和应答数据只是展示通
信原理*
==========================================================*/
void main(void)
{
    System_Initial();          // 初始化系统所有外设
    while (1)                  // 注意，嵌入式系统这个"死"循环的作用
    {
        RF_RecvHandler();      // 无线数据接收处理,在死循环中进行
    }
}
```

CC1101 芯片在空旷地带通信距离可达 300～500m，覆盖的频段宽广，目前使用较多，读者可进一步研究。

小　　结

本章介绍了数据采集终端通信部分设计原理，内容包括 CRC 校验码、SPI接口、CC1101 基本原理、FEC 与交叉编码使用。最后，通过程序进一步介绍了 CC1101 发送与接收功能的使用。读者阅读本章需要仔细研究 CRC 校验码原理，并能够通过软件编写 CRC 校验码和正确使用 CRC 校验码。对于 CC1101，读者需要能够开发其通信程序并能进行正常通信。

思　　考

1. 什么是 CRC 校验？常用的 CRC 校验公式有哪几个？

2. 什么是 SPI 接口？FEC 能完成什么功能？

3. 调试 CC1101 通信收发程序。在主程序中，while(1) {　}的作用是什么？

第*10*章 数据采集终端测试
实验台原理与设计

数据采集终端在设计好后，批量生产时就需要测试其短路故障和接地故障报警性能。本章介绍了短路故障测试实验台原理和接地故障测试实验台原理，并讨论了实际供电系统中短路故障对接地故障判断的影响。在小电阻接地系统中，通过实例给出雷击断线接地故障发生时，系统捕捉到的线路电流的变化曲线图，以供研发人员参考。

研究目标

掌握短路故障检测实验原理；
掌握接地故障检测实验原理；
掌握小电阻接地系统中接地故障发生时的电流变化过程；
掌握短路故障发生时对接地故障判断的影响。

理论要求

知识要点	读者要求	相关知识
短路检测	(1) 短路线圈制作 (2) 电阻切换 (3) 短路电流值估算	短路实验设计与检测
接地检测	(1) 电场测量 (2) 接地电场变化 (3) 接地时电容放电波形	接地实验设计与检测
短路故障与接地故障之间关系	短路故障对接地故障的影响	接地故障误判的修复问题

推荐阅读资料

1. 顾涛，王德志，陈超等. 基于全局小波系数平衡法判断单相接地故障的方法和装置：中国，201611254981.8 [P].

2. 顾涛，王德志，陈超等. 基于电容分压及大数据分析的接地故障监测装置及方法：中国，201610417293.2 [P].

3. 顾涛，陈超，王德志等. 电力线路报警方法：中国，201610892712.8[P].

10.1　短路接地实验台原理与设计

10.1.1　短路线圈制作

产品设计完毕后，需要在实验室内初步验证产品性能。在实验室内短路实验可以再现现场短路情况，但单相接地情况就比较复杂，很难模拟现场情况。实验台功能要具备短路功能和单相接地功能测试，要具有三相录波、合成及数据分析功能。

在实验室内模拟短路电流方法，主要采用线圈绕线方式产生。单匝线圈如果允许 2A 电流通过，则 300 匝线圈就可以模拟电路大概 600A 电流的运行状况。所以，采用电子开关或继电器，控制线路电流变化情况，完全可以模拟现场短路情况的发生。现有的实验台电阻切换多用继电器实现，由于继电器动作具有一定延时时间，导致短路电流上升和下降控制精度不够。另外，现有实验台一般没有使用 CPU 控制相关电阻切换和时间延时，也导致短路模拟时控制不够灵活。新型实验台采用 CPU 控制电子开关切换电阻，将切换时间控制在微秒级。通过 CPU 编程控制电路中电阻的切换过程，可以模拟现场各种不同情况下电流变化过程，使实验台更具有灵活性和可扩展性。

短路时，电流有很大突变，延时一段时间后，线路电流为零，电场也跌落为零。采用电子开关的短路实验原理如图 10-1 所示。

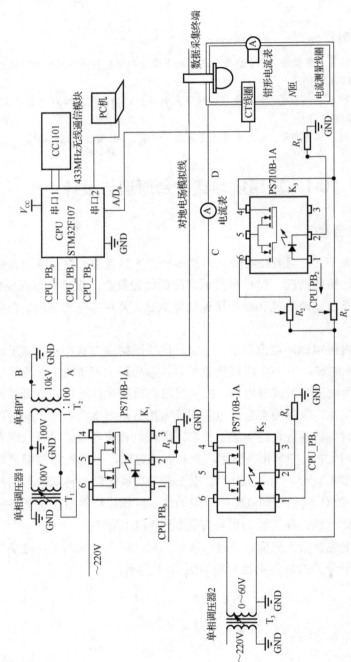

图 10-1 短路实验原理

实验台中电子开关采用 PS710B-1A，该电子开关导通后电阻为 0.05Ω，开关最大负荷电流为 2.5A。CPU_PB$_i$(i=0,1,2)高电平时，电子开关导通；低电平时，电子开关断开。电路中 R_1 和 R_2 采用可变电阻值的功率电阻。R_2 通过电子开关 K$_3$ 和 R_1 并联；K$_3$ 导通时，将 R_2 和 R_1 并联；K$_3$ 断开，相当于 R_1 并上一个无穷大电阻。电流测量线圈采用漆包线环绕 N 匝构成，每匝最大流过电流为 2A。N 匝线圈上装有钳形电流表和测量 CT，用以测量模拟的 N 匝总电流。回路 C、D 两点中串联电流表 A，用以测量单匝线圈流过的电流。N 匝线路 10kV 电压模拟采用单相调压器 T$_1$、单相 PT 和单相调压器 T$_2$ 升压构成。数据采集终端接入 N 匝测量回路中，并连接上 10kV 对地电场模拟线。CPU 采用 STM32F107，其输出引脚 CPU_PB$_0$、CPU_PB$_1$、CPU_PB$_2$ 完成对电子开关的控制。其串口 1 连接 CC1101，完成无线通信。串口 2 可以连接计算机，完成短路或其他时间参数设置。

开始工作时，电子开关 K$_1$ 导通，K$_2$ 导通，K$_3$ 断开。对地电场模拟线将有 10kV 电压。另外，N 匝线圈中将模拟出线路电流。假设模拟短路时，可以将 R_2 调整为 R_1 的 1/3，这样控制 K$_3$ 导通，并入 R_2。延时一段时间后，断开 K$_2$ 和 K$_1$，断开回路。在测量回路中，即模拟出近似 3NI 的电流突变以及电场跌落为零的变化。

设 R_2 调整为 R_1 的 1/M，当两者并联时，总电阻变为 R_1/(M+1)，其中 M>1，且为整数。

设单相调压器 T$_3$ 输出电压 V_2/R_1=I，在并入电阻 R_2 后，单匝线路电流变为 (M+1)I，突变值为 MI。对于 N 匝线圈，突变电流值为 NMI，突变前电流为 NI。当匝数 N 定下后，突变值只与 M 和 I 有关。所以，在设计短路故障模拟时，R_1 值可以调整变化，用以控制 I，然后调整 R_2，再用以调整 M 值。由此调整出符合突变值的短路电流值。

假设采用 200 匝实验台，短路电流突变电流量为 200A，200 匝基础电流为 10A，则有 NMI=200，NI=10A。由此可以推导出 I=0.05A，M=20。进一步，当选定 R_1=50Ω时(线路等效总电阻)，可以推出 V_1=2.5V 和 R_2=2.5Ω。通过这些参数反推计算，突变电流量大约为 1.05A×200=210A，基本吻合。这样，在实验前就可以获得不同 I 和 M 组合的实验条件，事先把这些参数调整好，等待实验使用。

该实验台除模拟短路实验外，还可以模拟负荷波动、变压器空载合闸涌流、

线路突合负载涌流、人工投切大负荷、非故障相重合闸涌流。

整个系统工作控制由 PC 机程序和 STM32F107 程序完成。PC 机通过串口 2 和 STM32F107 完成通信。PC 机与 STM32F107 主动通信，协议格式如下。

> 帧头(68H,一字节)，长度(帧长度，1 字节，07)，类型代码(01，实验类型代码，01～08，一字节)，时间 1(2 字节)，时间 2(2 字节)，时间 3(2 字节)，校验和(类型到时间 3 累加和)，帧结束(16H,一字节)

STM32F107 收到正确通信帧后，回复帧：

> 68H01H00H01H16H

PC 机系统界面收到后，显示"通信成功"提示。

以上协议中，实验类型代码字节含义细分如下。

01 代表短路故障，02 代表负荷波动，03 代表变压器空载合闸涌流，04 代表线路突合负载涌流，05 代表人工投切大负荷，06 代表非故障相重合闸涌流，07 代表接地故障，08 代表停电状态。

PC 机程序界面包括短路故障模拟、负荷波动模拟、变压器空载合闸涌流模拟、线路突合负载涌流模拟、人工投切大负荷模拟、非故障相重合闸涌流模拟、接地故障模拟功能按钮。按钮上下布置，居于左侧。右侧显示不同模拟线路情况下的波形图。

在每种实验情况下，STM32F107 通过 A/D_0 采样，将实验波形记录下来，通过串口 2 发给 PC 机显示。

STM32F107 主动发送数据通信协议格式如下。

> 帧头(68H，一字节)，类型(一字节，01，CT 数据，F2，数据采集终端数据，高位 F 为数据采集终端编号,0～F)，长度(帧长度，2 字节，从数据开始，到 CRC 校验码结束)，数据(n 字节)，CRC 校验码(2 字节)，帧结束(16H)

PC 主机收到正确数据帧后，回复 STM32F107 帧：

> 68H01H00H01H16H

并将波形显示出来。主机通过波形图计算故障前后电流有效值并显示出来，同时显示电场有效值波形图。

PC 机主机程序还具有设置时间 1 到时间 3 的编辑框，单位是 ms。

STM32F107 的 CC1101 作用是：在某一次实验结束后，与数据采集终端通信，将数据采集终端采样的数据取出，由 STM32F107 将获取的数据通过串口 2 传给 PC 机，与 CT 采样数据波形对比并进行下一步的各种数据算法分析。

STM32F107 主程序框架结构如图 10-2 所示。

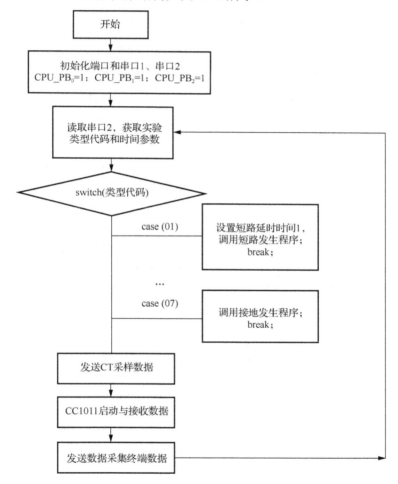

图 10-2　STM32F107 主程序框架结构

PC 机控制程序界面示意图如图 10-3 所示。

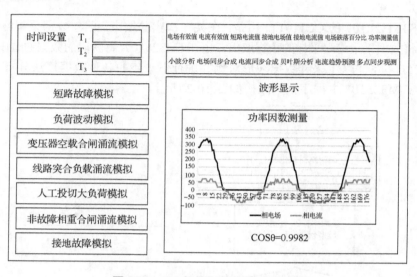

图 10-3　PC 机控制程序界面示意图

10.1.2　接地实验模拟原理

对于 10kV 裸导线，10km 处电阻值约为 5Ω，电抗约为 $3.5\Omega(0.35\Omega/km)$，分布电容约为 $2\mu F$，线路电感量在 10km 处约为 0.01115H。这些参数是模拟 10km 处单相接地基本参数。单相接地基本原理图如图 10-4 所示。

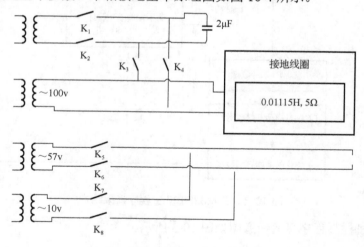

图 10-4　单相接地基本原理图

接地瞬间，线电压不变，相电压理论上为 0。线路中电流由于电容放电，发生暂态变化。

工作时，K1、K2 闭合，给电容充电。模拟接地时，K1、K2 断开，K3、K4 闭合，同时 K5、K6 断开，K7、K8 闭合，模拟电场变化。以上开关可以用 CPU 控制。

10.2　电场跌落经验公式

10.2.1　电场跌落经验公式概述

单相接地故障发生时，接地电阻的变化会对系统接地故障的判断产生一定影响。但如果在电场跌落比较明显的情况下，还是可以准确判断出来的。一般单相接地大概有金属性接地、小电阻接地、中阻接地、高阻接地和弧光接地等几种情况。在测试时，电阻值可以分别取 400Ω、800Ω 和 1000Ω 串入电路中测试，模拟现场小电阻接地、中阻接地、高阻接地几种情况。在电阻接入系统时，要在电源侧接入，以副边电源为准，接入电阻后再接入电容。图 10-5 所示为模拟金属性接地故障的波形图。

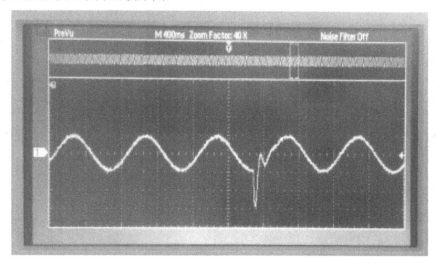

图 10-5　模拟金属性接地故障的波形图

接地电阻阻值不同的情况下，电容放电叠加的波形震荡周期会随着电阻值增大而加长。实验室仿真接地故障最大的困难在于电场跌落的幅度。因为线路长短对电场跌落影响比较大。根据现场经验，在小电流系统中有如下描述成立。

设 $E(t)$ 为当前测得的电场值，$E(t0)$ 为相邻时间测得的同一个监测点的前一个电场值，测量间隔为 1s。

当 $(E(t0)-E(t))/E(t0)>E$，$\Delta I(t)>I$ 且 $I(t)>0$（排除停电态）时，则报接地故障发生。用伪编程语言可以描述为

```
If E(t)<E(t0)
 If (E(t0)-E(t))/E(t0)>E &&△ I(t)>I && I(t)>0
    报接地故障；
 Else
    ；
```

E 和 I 是现场取定的阈值。

某省小电流系统单相接地实验项目见表 10-1。

表 10-1　接地实验项目

序号	零序电容电流	电容配置	接地性质	中性点工作方式	指示器动作情况
1	10A	0.88μF，1.46μF	金属性	不接地	
2	10A	0.88μF，1.46μF	中阻	不接地	
3	10A	0.88μF，1.46μF	高阻	不接地	
4	10A	0.88μF，1.46μF	弧光	不接地	
5	10A	0.88μF，1.46μF	断线接干土地	不接地	
6	10A	0.88μF，1.46μF	断线接湿土地	不接地	
7	10A	0.88μF，1.46μF	断线接干沙地	不接地	
8	10A	0.88μF，1.46μF	断线接湿沙地	不接地	
9	10A	0.88μF，1.46μF	断线接干水泥地	不接地	
10	10A	0.88μF，1.46μF	断线接湿水泥地	不接地	

弧光接地模拟故障现场如图 10-6 所示。

图 10-6　弧光接地模拟故障现场

数据采集终端综合测试实验台如图 10-7 所示。

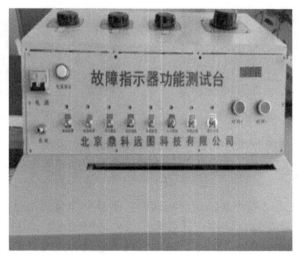

图 10-7　数据采集终端综合测试实验台

10.2.2 短路故障引起的接地故障误判

在大量现场短路故障发生时，往往会伴随着发生远离短路故障点处的接地故障的报警。这种现场短路故障对接地判断的影响，究其原因可以解释为：当短路发生时，速断动作后，电源被切除掉。但线路中由于有储能元件存在，在短路处形成了两条或三条线路的短路后电路系统的电流暂态变化过程。在远端处，所形成的现象是电场跌落和短时间内电流暂态消失。这时，如果数据采集终端不能识别这种情况，就会误报成接地故障。

2017 年 6 月，某地发生三相短路故障。图 10-8 是事故现场电线杆倒掉图，图 10-9 是三相短路图。

图 10-8　电线杆倒掉　　　　　　　　　　图 10-9　三相短路图

图 10-10 是故障报警图，箭头指示位置是短路故障发生处。短路故障信号向上游返到供电起始处，符合实际故障路径规律。但线路末尾处也报了接地故障，属于误报。

由于线路在短路后，系统会自动速断。所以一般来讲，短路电路可以等效为如图 10-11 所示原理。这样，远离短路点会误报接地，这主要是因为远处电场发生跌落，同时由于系统中还有储能元件，电流并没有立即为零。为了避免这种情况，需要延时判断一下电流是否为零。

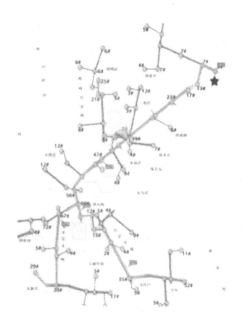

【图 10-10 彩图】

图 10-10　故障报警图（彩图见右侧二维码）

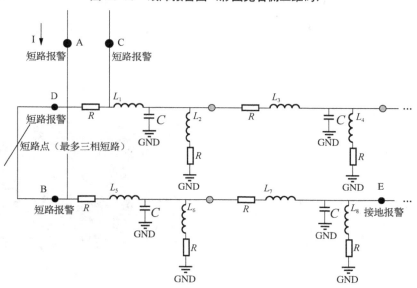

图 10-11　短路故障导致接地报警原理图

现场故障案例比较复杂，也有两地同时发生断线单相接地故障(如雷击)。中国某地2017年9月发生雷击，线路电流变化及断线现场如图10-12～图10-15所示，读者可以对比研究，这是一起20几平方公里内一天两处雷击导致的断线故障。也有短路故障和接地故障同时发生的，如山西某地2017年8月份发生的事故。(注：为了读者对比方便，此外将图2-29、图2-30重新进行了图10-22、图10-13排版)

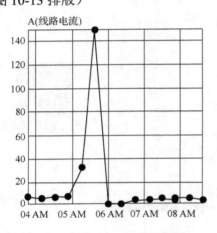

图10-12 雷击时线路电流突变曲线

图10-13 现场断线故障

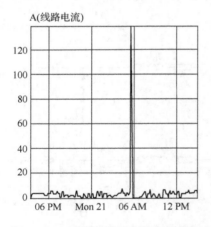

图10-14 雷击时线路电流突变曲线

图10-15 现场断线故障

接地故障报警需要与停电报警区别开。在数据采集终端小电流采集分辨率不高的情况下，很容易将接地故障漏报，也有停电状态误报成接地故障状态的。这些都需要提高数据采集终端的精度从而完成系统整体性能的提高。

小　　结

本章介绍了 10kV 线路短路故障和接地故障实验台工作原理，分析了实验台的实现过程。同时给出了现场接地实验参数表作为实验参考条件。本章也分析了短路故障对接地故障报警的影响，并给出了误报的理论原因，同时给出了误报的解决方案。最后，提供了两个雷击导致线路断线的案例以供读者分析研究。

思　　考

1. 短路线圈如何制作？如何计算短路电流？
2. 如何在实验室模拟接地故障？分析实验台工作原理。
3. 试分析短路故障对接地判断的影响，如何解决这类问题？